Railway Operating Rules and Regulations

알기쉬운 도시철도 운전규칙

원제무 · 서은영

박영사

머리말

철도안전법은 국회에서 만드는 법률의 하나이다. 법률은 국민투표에 의한 헌법 다음으로 효력을 가진다. 다음으로 철도안전법시행령은 명령이다. 대통령이 제정한다. 시행령은 어떤 법이 있을 때 그에 대해 상세한 내용을 규율하기 위한 것으로 만들어진다.

규칙, 즉 시행규칙은 장관이 제정한다. 규칙은 시행령에서 위임된 사항과 그 시행에 필요한 사항을 정한 것이다. 따라서 도시철도운전규칙은 국토교통부장관이 서울교통공사를 비롯한 전국의 도시철도운영사들에게 필요한 규칙을 만들어 놓은 것이다. 다시 말하면 「철도안전법」 제39조의 규정에 의하여 도시철도운영사가 활용할 열차의 편성, 철도차량의 운전 및 신호 방식 등 철도차량의 안전운행에 필요한 규칙을 만든 것이다.

이 같은 맥락에서 도시철도운전규칙은 도시철도운영사의 열차의 편성, 철도차량의 운전 및 신호방식 등 철도차량의 안전운행에 관한 지침서인 것이다. 이에 따라 이 책은 새롭게 개정되어 시행되고 있는 도시철도운전규칙을 하나하나 파헤쳐서 알기 쉽게 씨줄과 날줄로 엮어보려고 노력한 산물이다. 무릇 책은 독자들에게 가깝게 다가가야 하고 이해하기 쉬워야 한다. 이 책에서는 독자들을 위해 내용 관련 사진과 그림을 대폭 넣으려고 최대한 노력하였다. 특히 예제와 구체적인 해설을 써줌으로써 혼자 스스로 공부하여도 충분히 학습이 가능하도록 배려하였다.

철도관련법 문제는 총 20문항이다. 현재까지 제2종철도차량운전면허시험 출제경향을 보면 철도관련법에서 12문제, 철도차량운전규칙에서 5문제, 도시철도운전규칙에서 3문제가 각각 출제되고 있는 것으로 나타났다. 이는 전체 20문제 중 무려 8문제인 40% 정도의 큰 몫이 차량운전규칙에서 출제된다는 의미이다. 따라서 저자들은 독자들이 이 책이 안내해주는 이정표대로 이해하면서 따라가다 보면 어느샌가 정상에 도달할 수 있으리라고 굳게 믿는다.

많은 독자분들에게 이 책이 제2종철도차량운전면허시험에 당당하게 합격하는 교두보 역할을 할 수 있을 것이라는 희망과 꿈을 가져본다.

이 책을 출판해 준 박영사의 안상준 대표님이 호의를 배풀어 주신 것에 대하여 감사를 드린다. 아울러 이 책의 편집과정에서 보여준 전채린 과장님의 정성과 열정에 마음 깊이 감사를 드린다.

저자 원제무 · 서은영

차례

제1장

총칙

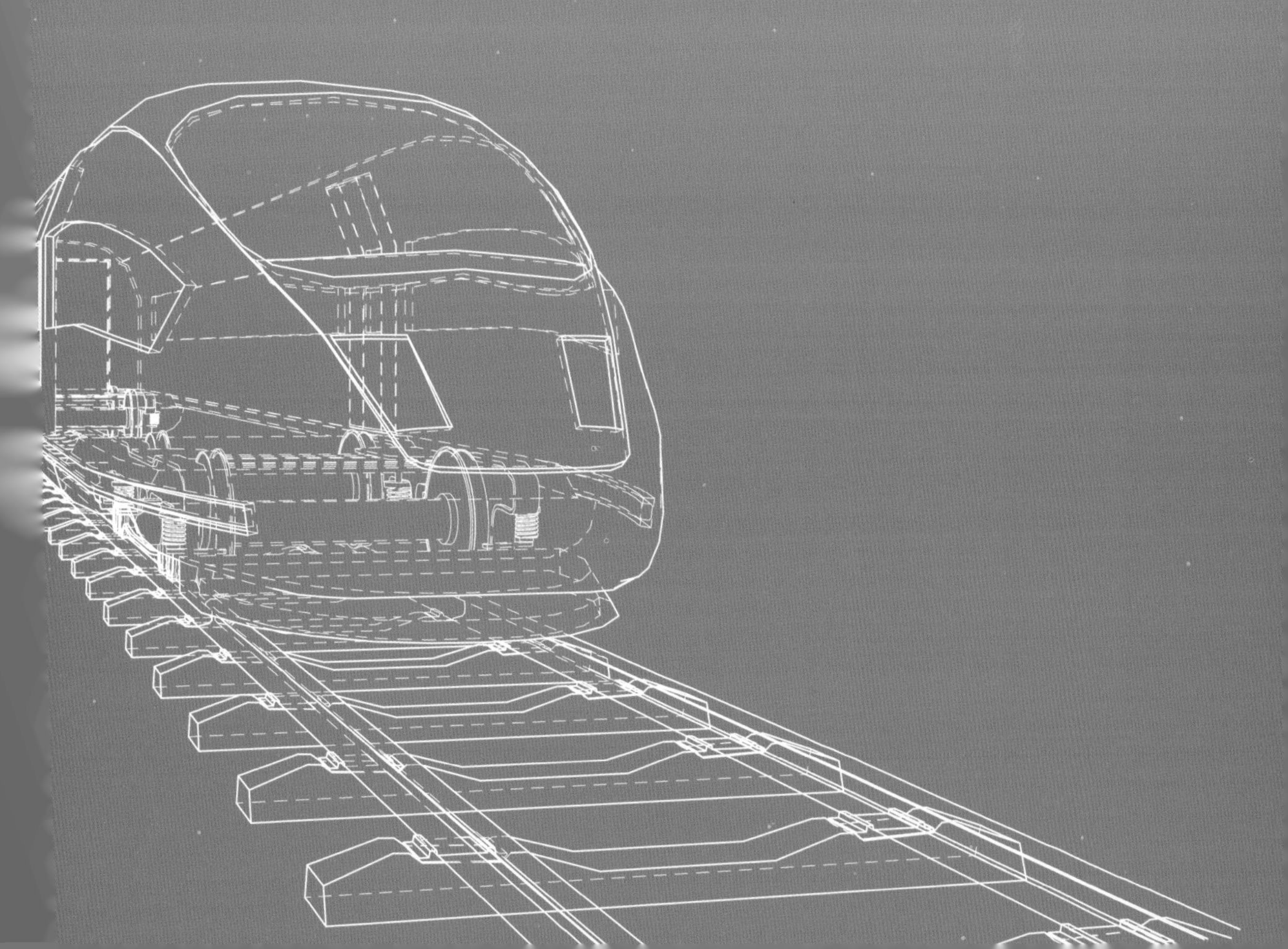

도시철도운전규칙의 법적 지위

[철도안전법과 시행령, 시행규칙, 운전규칙의 법적 위계]

철도안전법: 법률
철도안전법 시행령: 대통령 명령
철도안전법 시행규칙: 국토교통부 장관 명령
규칙: 시행령에서 위임된 사항과 그 시행에 필요한 사항을 정한다(도시철도운전규칙).
규정: 조목 별로 정해 놓은 표준(운영기관 제정)
(운전취급규정)
내규: 운영기관 내부에만 적용되는 준칙
(승무원 작업 내규)

총칙

제1조(목적)

이 규칙은 「도시철도법」 제18조에 따라 도시철도의 운전과 차량 및 시설의 유지· 보전에 필요한 사항을 정하여 도시철도의 안전운전을 도모함을 목적으로 한다.

예제 **이 규칙은 [ ] 제18조에 따라 [ ]의 [ ]과 [ ] 및 [ ]에 필요한 사항을 정하여 도시철도의 [ ]함을 목적으로 한다.**

정답 도시철도법, 도시철도, 운전, 차량, 시설의 유지 · 보전, 안전운전을 도모

* 총칙: 전체를 포괄하는 규칙이나 법칙
* 규칙: 여러 사람이 다 같이 지키기로 한 약속

☞ 「도시철도법」 제18조(도시철도의 건설 및 운전)
도시철도의 건설 및 운전에 관한 사항은 국토교통부령으로 정한다.

예제 **다음 중 도시철도운전규칙의 목적으로 가장 맞지 않는 것은?**

가. 도시철도의 노선건설과정에 관하여 안전을 도모함

나. 도시철도의 유지보수에 관하여 안전함을 도모함

다. 도시철도의 운전에 대하여 빠른 고장조치를 하기 위함

라. 도시철도의 운전과 차량 및 시설의 유지·보전에 관하여 안전운전을 도모함

해설 도시철도운전규칙 제1조(목적) 이 규칙은 「도시철도법」 제18조에 따라 도시철도의 운전과 차량 및 시설의 유지·보전에 필요한 사항을 정하여 도시철도의 안전운전을 도모함을 목적으로 한다.

예제 **도시철도운전규칙에 대한 다음 설명 중 맞는 것은?**

가. 이 규칙은 도시철도법 제18조에 따라 필요한 사항을 정하였다.

나. 선로란 궤도 및 이를 지지하는 구조물을 말한다.

다. 전차선로란 전차선 및 이를 지지하는 구조물을 말한다.

라. 전력설비는 열차등이 실제속도로 안전하게 운전할 수 있는 상태로 보전하여야 한다.

해설 도시철도운전규칙 제1조(목적) 이 규칙은 「도시철도법」 제18조에 따라 도시철도의 운전과 차량 및 시설의 유지·보전에 필요한 사항을 정하여 도시철도의 안전운전을 도모함을 목적으로 한다.

제2조(적용범위)

도시철도의 운전에 관하여 이 규칙에서 정하지 아니한 사항이나 도시교통 권역별로 서로 다른 사항은 법령의 범위에서 도시철도운영자가 따로 정할 수 있다.

예제 **도시철도의 운전에 관하여 이 [ ]에서 정하지 아니한 사항이나 [ ]로 서로 다른 사항은 법령의 범위에서 [ ]가 따로 정할 수 있다.**

정답 규칙, 도시교통 권역별, 도시철도운영자

제2조 적용범위

1. 도시철도의 운전에 관하여 이 규칙에서 정하지 아니한 사항이나
2. 도시교통 권역별로 서로 다른 사항은 법령의 범위에서 도시철도운영자가 따로 정할 수 있다.

〈권역별로 서로 다른 사항〉

예

- 서울교통공사: 감속신호규정: 65km/h
- KORAIL: 감속신호규정: 85km/h 상호협의 필요

- 서울교통공사: 우측통행
- KORAIL: 좌측통행 상호조정필요

* 도시교통권역: 도시교통정비촉진법 제4조의 규정에 따라 지정 · 고시된 지역을 말한다.

* 도시철도운영자: 도시철도운송사업을 하는 자로서 국가, 지방자치단체 및 도시철도운송사업 면허를 받은 자

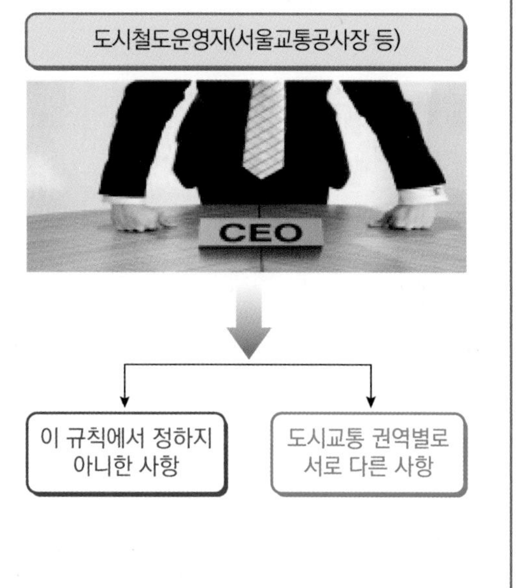

제3조(정의)

이 규칙에서 사용하는 용어의 뜻은 다음과 같다.

제3조 정의

1. "정거장": 여객의 승차 · 하차, 열차의 편성, 차량의 입환 등을 위한 장소를 말한다.
2. "선로": 궤도 및 이를 지지하는 인공구조물을 말하며, 열차의 운전에 상용되는 본선(본선)과 그 외의 측선으로 구분된다.
3. "열차"란 본선에서 운전할 목적(철도운전규칙에서는 여기까지만)으로 편성되어 열차번호를 부여받은 차량(열차번호는 도시철도운전규칙에서만 추가되는 사항)
4. "차량"(철도: 차 한 칸, 한 칸을 차량)이란 선로에서 운전하는 열차 외의 전동차 · 궤도시험차 · 전기시험차(도시: 열차번호 없는 차는 모두 차량)

예제 **다음 중 도시철도운전규칙에서의 차량이란 어느 것인가?**

정답 선로에서 운전하는 열차 외의 전동차 · 궤도시험차 · 전기시험차

1. **"정거장"**이란 여객의 승차 · 하차, 열차의 편성, 차량의 입환(入換) 등을 위한 장소를 말한다.

예제 **"정거장"이란 여객의 [ ], [ ], [ ] 등을 위한 장소를 말한다.**

정답 승차 · 하차, 열차의 편성, 차량의 입환

[정거장]

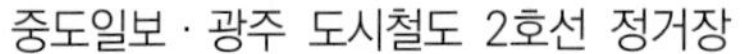

중도일보 · 광주 도시철도 2호선 정거장

경북매일

예제 **다음 중 여객의 승차 · 하차, 열차의 편성, 차량의 입환 등을 위한 장소로 맞는 것은?**

가. 역

나. 신호소

다. 정거장

라. 조차장

해설 도시철도운전규칙 제3조(정의) 제1호 "정거장"이란 여객의 승차 · 하차, 열차의 편성, 차량의 입환(入換) 등을 위한 장소를 말한다.

2. **"선로"**란 궤도 및 이를 지지하는 인공구조물을 말하며, 열차의 운전에 상용(常用)되는 본선(本線)과 그 외의 측선(側線))으로 구분된다.

예제 **선로"란 궤도 및 이를 지지하는 [ ]을 말하며, 열차의 운전에 [ ]되는 [ ]과 그 외의 [ ]으로 구분된다.**

정답 인공구조물, 상용, 본선, 측선

철도선로

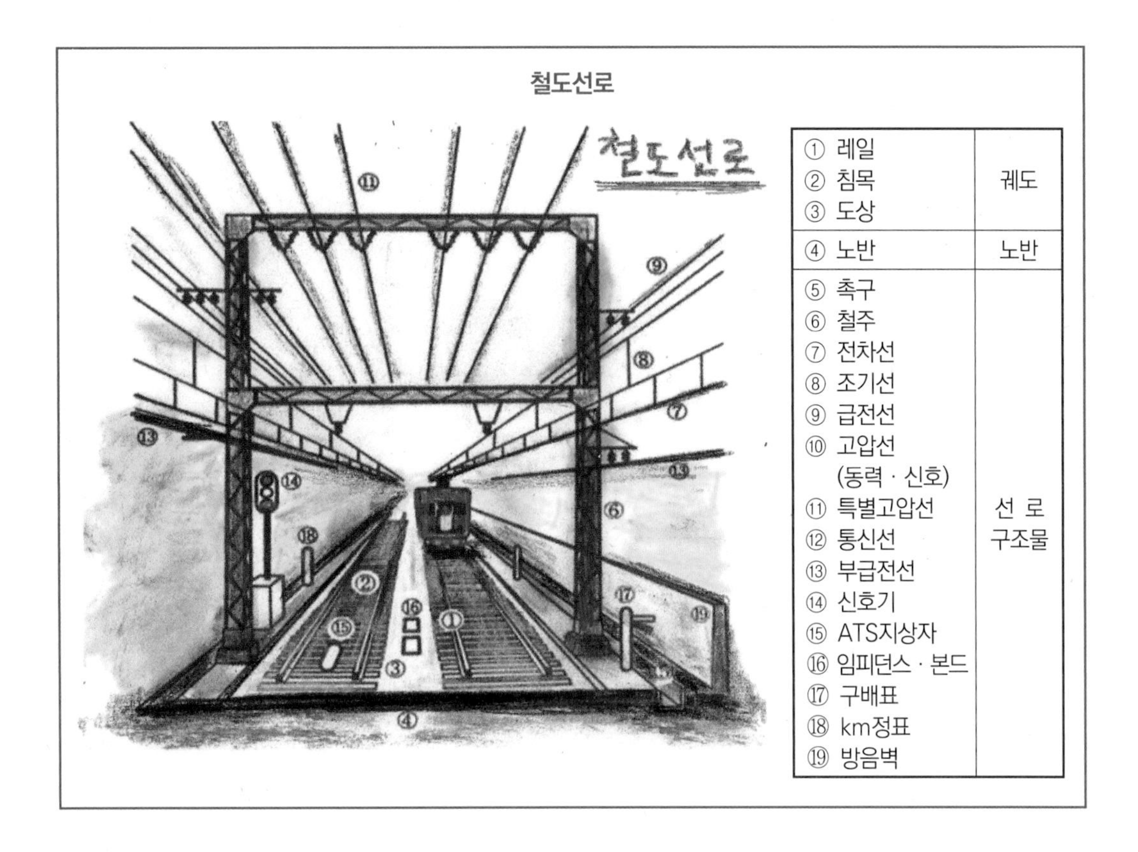

구성 요소	구분
① 레일 ② 침목 ③ 도상	궤도
④ 노반	노반
⑤ 측구 ⑥ 철주 ⑦ 전차선 ⑧ 조기선 ⑨ 급전선 ⑩ 고압선 (동력 · 신호) ⑪ 특별고압선 ⑫ 통신선 ⑬ 부급전선 ⑭ 신호기 ⑮ ATS지상자 ⑯ 임피던스 · 본드 ⑰ 구배표 ⑱ km정표 ⑲ 방음벽	선 로 구조물

예제 다음 설명하는 용어로 맞는 것은?

'궤도 및 이를 지지하는 인공구조물을 말하며, 열차의 운전에 상용되는 본선과 그 외의 측선으로 구분된다.'

가. 슬랙 나. 침목
다. 도상 **라. 선로**

해설 도시철도운전규칙 제3조(정의) 제2호 "선로"란 궤도 및 이를 지지하는 인공구조물을 말하며, 열차의 운전에 상용되는 본선과 그 외의 측선으로 구분된다.

예제 도시철도운전규칙상 용어 설명으로 적절하지 못한 것은?

가. "선로"란 궤도 및 이를 지지하는 자연구조물을 말하며, 열차의 운전에 상용되는 본선과 그 외의 측선으로 구분된다.
나. "열차"란 본선에서 운전할 목적으로 편성되어 열차번호를 부여받은 차량을 말한다.
다. "폐색"이란 선로의 일정구간에 둘 이상의 열차를 동시에 운전시키지 아니하는 것을 말한다.
라. "시계운전"이란 사람의 육안에 의존하여 운전하는 것을 말한다.

해설 도시철도운전규칙 제3조(정의) 제2호: "선로"란 궤도 및 이를 지지하는 인공구조물을 말하며, 열차의 운전에 상용(常用)되는 본선(本線)과 그 외의 측선(側線)으로 구분된다.

3. **"열차"**란 본선에서 운전할 목적으로 편성되어 열차번호를 부여 받은 차량을 말한다.

예제 "열차"란 [ ]에서 운전할 목적으로 [ ]되어 [ ]를 부여 받은 차량을 말한다.

정답 본선, 편성, 열차번호

예제 **다음 중 도시철도운전규칙 용어의 정의에서 틀린 것은?**

가. 정거장이라 함은 여객의 승·하차, 열차의 편성, 차량의 입환 등을 위한 장소를 말한다.

나. 선로라 함은 궤도 및 이를 지지하는 인공구조물을 말하며, 열차의 운전에 상용되는 본선과 그 외의 측선으로 구분한다.

다. 차량이라 함은 본선에서 운전할 목적으로 편성되어 열차번호를 부여받은 차량을 말한다.

라. 폐색이라 함은 선로의 일정구간에 둘 이상의 열차를 동시에 운전시키지 아니하는 것을 말한다.

해설 도시철도운전규칙 제3조(정의) 제3호 "열차"란 본선에서 운전할 목적으로 편성되어 열차 번호를 부여받은 차량을 말한다.

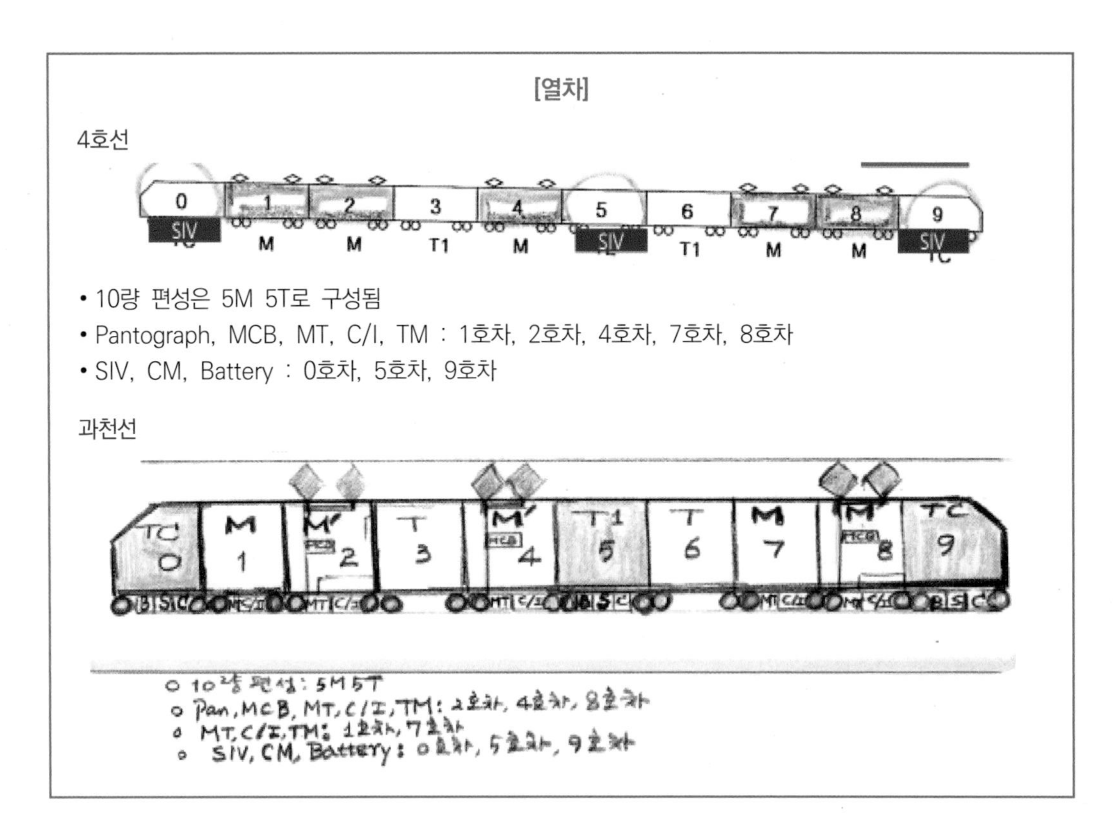

[열차번호]

번호만 알면 기차 종류와 노선이 보인다
열차번호의 숨은 뜻 – 중앙일보

열차번호 – 리브레 위키

예제 **도시철도운전규칙에 관한 설명으로 틀린 것은?**

가. 도시철도운영자는 선로 또는 운전보안장치를 신설 · 이설 · 개조한 경우 정상운전을 하기 전에 60일 이상 시험운전을 하여야 한다.

나. 선로는 매일 한 번 이상 순회점검하여야 한다.

다. 열차의 비상제동거리는 600m 이하로 하여야 한다.

라. 차량이란 본선에서 운전할 목적으로 편성되어 열차번호를 부여받은 차량이다.

해설 도시철도운전규칙 제3조(정의) 제3호 "열차"란 본선에서 운전할 목적으로 편성되어 열차번호를 부여받은 차량을 말한다.

4. **"차량"**이란 선로에서 운전하는 열차 외의 전동차 · 궤도시험차 · 전기시험차 등을 말한다.

예제 **"차량"이란 [ ]에서 운전하는 열차 외의 [ ] · [ ] · [ ] 등을 말한다.**

정답 선로, 전동차, 궤도시험차, 전기시험차

[궤도시험차, 전기시험차]

JR 전기시험차 · 일본철도 사진 자료실
일본철도연구회

전기 궤도 종합 시험 차 East-i
스톡사진 [12578598] - PIXTA

5. **"운전보안장치"**란 열차 및 차량(이하 "열차 등"이라 한다)의 안전운전을 확보하기 위한 장치로서 폐색장치, 신호장치, 연동장치, 선로전환장치, 경보장치, 열차자동정지장치, 열차자동제어장치, 열차자동운전장치, 열차종합제어장치 등을 말한다.

예제 **"운전보안장치"란 열차 및 차량(이하 "열차 등"이라 한다)의 [ ]을 확보하기 위한 장치로서 [ ], [ ], [ ], [ ], [ ], [ ], [ ], [ ], [ ] 등을 말한다.**

정답 안전운전, 폐색장치, 신호장치, 연동장치, 선로전환장치, 경보장치, 열차자동정지장치(ATS), 열차자동제어장치(ATC), 열차자동운전장치(ATO), 열차종합제어장치(TTC)

"운전보안장치": 열차 및 차량(이하 "열차 등"이라 한다)의 안전운전을 확보하기 위한장치로서 폐색장치, 신호장치, 연동장치, 선로전환장치, 경보장치, 열차자동정지장치(ATS), 열차자동제어장치(ATC), 열차자동운전장치(ATO), 열차종합제어장치(TTC)가 있다.

예제 **다음 중 도시철도운전규칙에서 정하는 운전보안장치가 아닌 것은?**

가. CTC　　　나. TCC
다. ATC　　　라. ATO

해설 열차집중제어장치CTC(Centralized Train Control): KORAIL에만 해당

[열차집중제어장치(CTC)]

- 각 역에서 하던 진로 및 신호제어를 관제소 한 곳에서 집중적으로 제어할 수 있는 장치
- 관제소에는 관할 구간의 본선 및 각 역 구내의 배선과 신호기, 선로전환기 등의 상태를 한 눈에 볼 수 있고 조작할 수 있는 제어반이 있다.
- 이 제어반과 각 역의 신호기, 선로전환기는 전기회로에 연결되어 있어, 제어반의 단추(키)로 각 역의 선로 전환기를 제어한다.
- 우리나라에서는 1968년 중앙선 망우-봉양 간 142km 구간에 처음으로 설치되었다.
- 1974년 8월 15일 서울지하철 1호선의 개통과 더불어 등장한 TTC장치의 모태가 되었다.

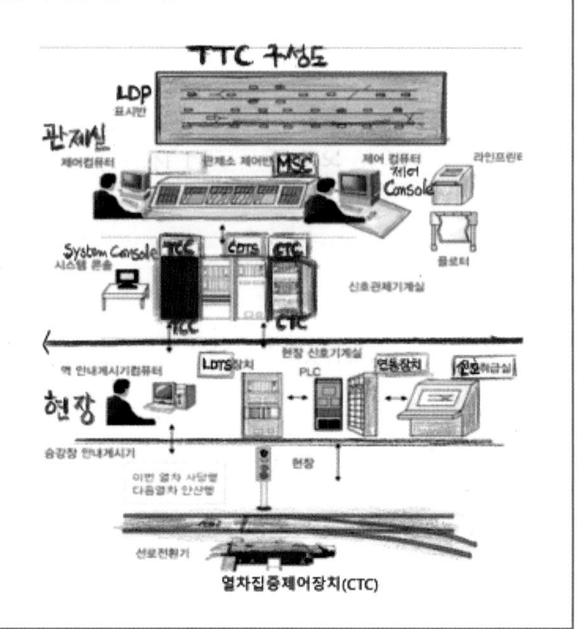

열차집중제어장치(CTC)

[CTC 제어 키(CTC control Key)]

- TTC가 가능하면 자동으로 열차운행을 제어하는데, TTC에 문제가 생겼다 하면 CTC 제어 키를 통해 관제사가 수동으로 개입하여 진로 신호조작을 할 수 있다(기관사 승무 전에 "오늘 TTC에 문제가 있어서 신도림역 구간은 수동으로 CTC조작하여 진행하세요."라고 통보 받는다).
- CTC 제어키는 CTC제어 모드에서 관제사가 수동으로 역 신호를 조작하는 제어탁에 설치된 버튼
- 조작은 "역명"을 먼저 선택한 다음 원하는 '신호기 번호'를 선책 후 '설정'또는 '해제'버튼을 누르면 진로가 구성되고 신호가 현시

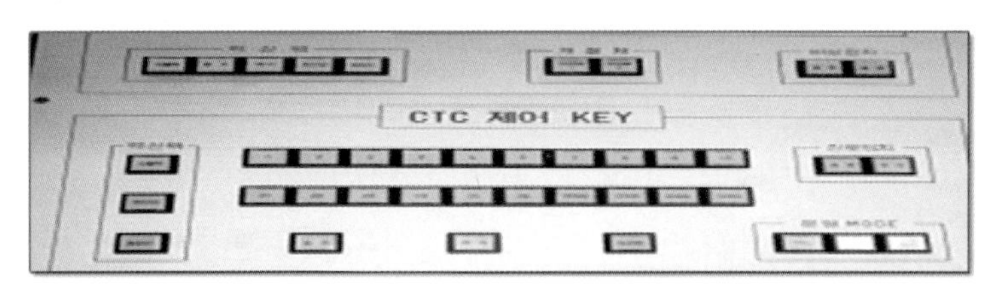

예제 **다음 중 운전보안장치에 해당하지 않는 것은?**

가. 폐색장치　　나. 열차자동정지장치

다. 열차자동제어장치　　**라. 열차자동방호장치**

해설
- 도시철도운전규칙 제3조(정의) 제5호 "운전보안장치"란 열차 및 차량(이하 "열차등"이라 한다)의 안전운전을 확보하기 위한 장치로서 폐색장치, 신호장치, 연동장치, 선로전환장치, 경보장치, 열차자동정지장치, 열차자동제어장치, 열차자동운전장치, 열차종합제어장치 등을 말한다.
- 열차자동방호장치(ATP): ATP는 열차검지, 선행열차와 후속열차 사이의 거리 유지, 진로연동 및 속도제한 등을 통해 안전한 열차운행을 유지하는 ATC 하부시스템이다.

[ATS]

- 지시속도보다 높을 경우 차상 ATS장치는 과속 경보
- 3초 이내에 지시하는 속도 이하로 운행해야 하며 이를 무시하면
- ATS지상 장치는 열차를 자동으로 비상정지

〈학습자료〉

열차자동정지장치(ATS : Automatic Train Stop) ATS란?

(1) 열차자동정지장치(ATS : Automatic Train Stop) : 열차가 정지신호(빨간 불)인데도 진입하였거나 허용된 신호 이상으로 운전할 경우 무조건 자동으로 정지시키는 장치
(2) 초창기 ATS Go/Stop만 갖고 있었으나 현재는 보다 안전하고 효과적인 열차방어를 위해 진행(G)/감속(YG)/주의(Y)/경계(YY)/정지(R)로 단계적으로 구분된 속도코드를 가지고 있다. 서울 1호선, 2호선 등에서 채택하고 있다.
(3) 점제어식(Intermittent Control) : 지상의 특정 지점에서 정지신호에서만 동작하는 방식
(4) 속도조사식 : 신호기 현시에 따라 열차속도를 제어하는 방식
(5) 공진주파수 : 회로에 포함되는 L과 C에 의해 정해지는 고유 주파수와 전원의 주파수가 일치함으로써 공진 현상을 일으켜 전류 또는 전압의 최대가 되는 주파수

지상자

- ATS 신호에서는 신호등 옆의 선로 중간에 하얀색 장치가 설치되어 있다. 이 장치를 지상자라고 부른다. 이 장치에서는 특정한 전파가 발신되는데 중요한 것은 옆에 설치된 신호등 색깔에 따라 다른 전파를 쏜다는 점이다.

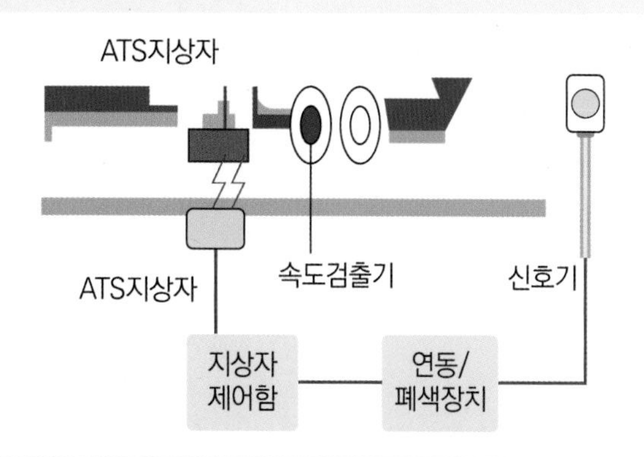

[ATC란 무엇인가?]

- 차내신호방식, 연속제어방식
- ATS가 정지신호 오인 방지가 주목적인데 반하여
- ATC는 속도제어를 통한 열차안전운행 유도를 목적으로 이용하고 있음
- ATC는 신호현시에 따라 그 구간의 제한속도 지시를 연속적으로 열차에 주어 열차속도가 제한속도를 넘으면 자동적으로 제동이 걸리고 제한속도 이하로 되면 자동적으로 제동이 풀리는 기술임

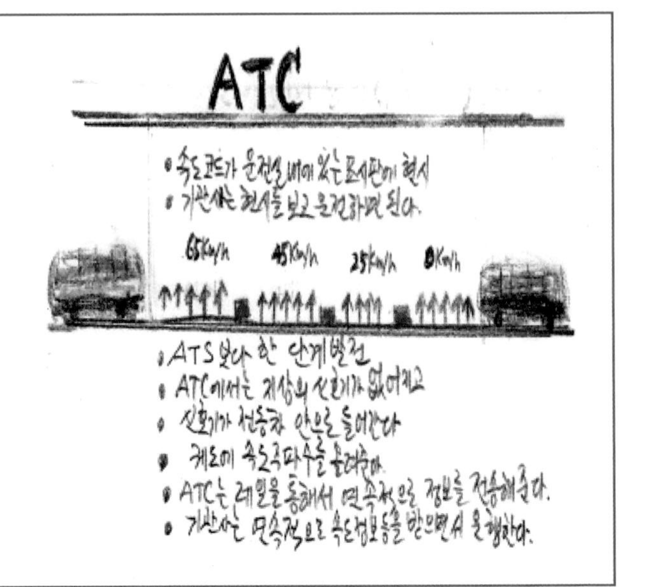

ATO(Automatic Train Operation)
열차자동운전장치

ATO란? (ATC Family)

(1) ATO는 ATC를 기반으로 하는 기능이지만, ATO는 ATC보다 좀 더 폭넓은 부분까지 자동화되어 있는 신호시스템이다.

(2) TWC(Train Wayside Communication)에서 열차의 운전조건을 차상으로 전송한다.

(3) 자동속도 제어 기능, 역간 자동주행기능, 출입문 제어 기능, 자동출발 기능, 정위치 정차 기능 등을 컴퓨터에 의해 자동화 하여

→ 열차운행의 효율증대 및 에너지 절감, 승차감 개선으로 서비스 향상에 기여한다.

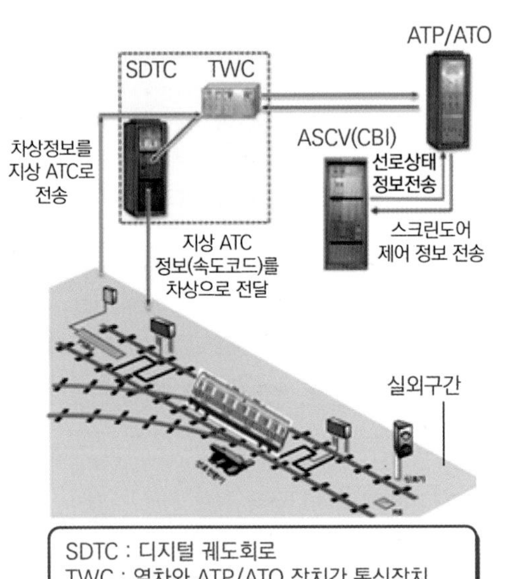

SDTC : 디지털 궤도회로
TWC : 열차와 ATP/ATO 장치간 통신장치
PSBD : 열차 정위치정차 버튼
RB : 열차 위치 보정 비

[ATO 의 자동속도제어 및 역간 자동주행기능의 효과]

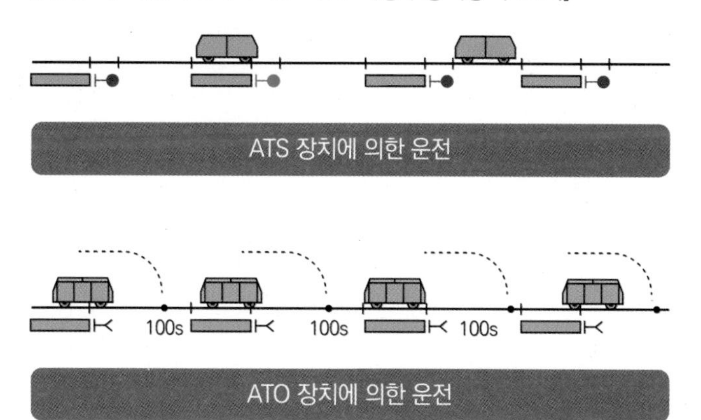

[PSM에 의한 정위치 정지제어]

- 역과 역 사이에 설치된 4개의 PSM(Precision Speed Marker : 정위치 정차마커)을 지나며 정확하게 승강장에 정차(ATO는 차륜경(바퀴둘레)의 회전수로서 몇 미터 이동하여 현재 위치에 있는지 알고는 있지만 차륜경이 항상 일정하지는 않다. 만약 선로의 특정지점이 미끄러워서 한번 차륜이 회전했다면 (SLIP발생) 현재 위치에 오류가 발생할 수 있게 된다. 현재 위치의 오류가능성을 피하기 위해 PSM을 통해 재보정해 주어야 한다. 4개의 PSM을 따라 승강장에 정확하게 정차하게 된다.)
- 열차정차 정보를 수신 후 출입문 열림 명령을 지시("아! A역에 정위치 정차를 했으니까 출입문 열림 명령 지시를 해야 하겠구나!")
- 승객하차 후 출입문 열림 명령을 소거하고 속도 명령을 지시(다음 역으로 출발!!)

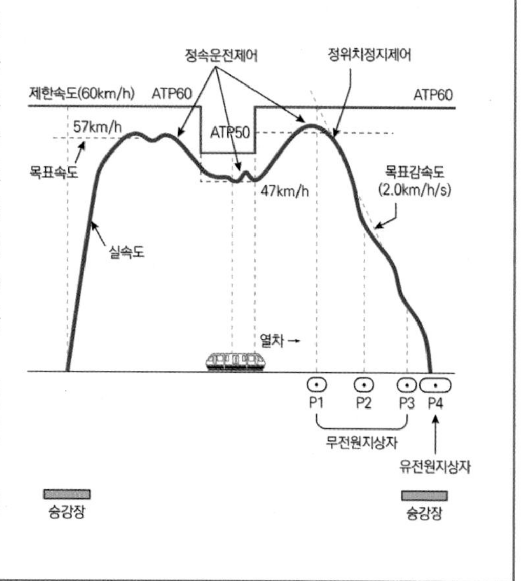

[ATS, ATC, ATO 비교]

구분	ATS (Automatic Train Stop)	ATC (Automatic Train Control)	ATO (Automatic Train Operation)
용어설명	열차가 지상신호기의 지시속도를 초과 또는 무시하고 운행할 경우 자동으로 정지 또는 수동으로 감속하는 장치	궤도에서 열차의 운전 조건을 연속적으로 차상으로 전송하여 허용속도 초과 시 자동으로 열차속도를 제어하는 장치	자동 및 무인운전이 가능한 방식으로 차량 견인, 제동, 출입문 개폐, 객실방송의 시스템에 의한 자동 제어
설치구간	국철 전 구간 (100%)	과천, 분당, 일산선, 경부고속철도 신선, 서울교통공사 3,4호선	도시철도공사 광역시 지하철

예제 **다음 중 열차 및 차량의 안전운전을 확보하기 위한 장치로 맞는 것은?**

가. 운전경계장치
나. 열차방호장치
다. 열차감시장치
라. 운전보안장치

해설 도시철도운전규칙 제3조(정의) 제5항 "운전보안장치"란 열차 및 차량(이하 "열차 등"이라 한다)의 안전운전을 확보하기 위한 장치로서 폐색장치, 신호장치, 연동장치, 선로전환장치, 경보장치, 열차자동정지장치, 열차자동제어장치, 열차자동운전장치, 열차종합제어장치 등을 말한다.

예제 **다음 중 도시철도운전규칙상 용어의 정의에서 '운전보안장치'에 해당되지 않는 것은?**

가. 열차자동정지장치
나. 열차자동제어장치
다. 열차자동폐색장치
라. 열차종합제어장치

해설 열차자동폐색장치: 폐색신호기에 열차가 진입하면 그 뒤의 신호기는 자동으로 정지, 주의, 진행의 순으로 현시된다. 자동으로 신호현시, 자동으로 폐색구간이 정해지는 방식이다.

예제 **다음 중 운전보안장치에 해당하지 않는 것은?**

가. 폐색장치
나. 열차종합제어장치
다. 연동장치
라. 열차관제장치

해설
- 도시철도운전규칙 제3조(정의) 제5호 "운전보안장치: 열차관제장치는 운전보안장치에 해당하지 않는다.
- 열차관제장치: 철도차량 등의 운행을 집중 제어, 통제, 감시하는 장치이다.

6. **"폐색(閉塞)"**이란 선로의 일정 구간에 둘 이상의 열차를 동시에 운전시키지 아니하는 것을 말한다.

예제 **"폐색"이란 선로의 [ ]에 [ ]의 열차를 [ ] 아니하는 것을 말한다.**

정답 일정구간, 둘 이상, 동시에 운전시키지

> **〈학습코너〉 폐색방식 (이해 후 암기!)**
>
> 폐색방식이란?
> 1폐색 1구간에 1열차 이외에 다른 열차를 동시에 운전시키지 않기 위해 시행하는 방법

예제 **폐색방식이란 [ ] [ ]에 [ ] 이외에 다른 열차를 [ ] 위해 시행하는 방법**

정답 1폐색, 1구간, 1열차, 동시에 운전시키지 않기

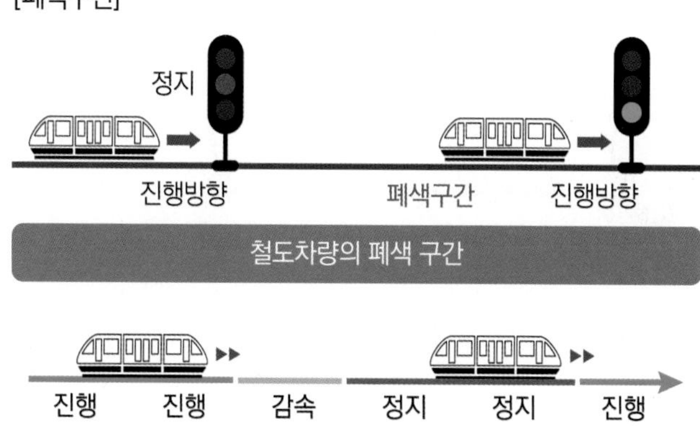

[폐색]

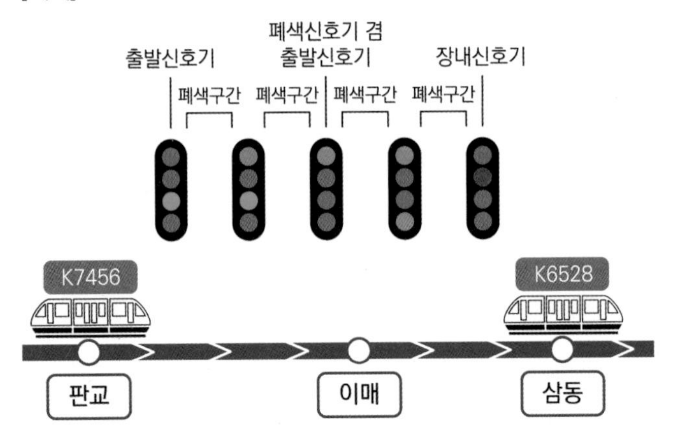

*폐색: 선로마다 일정한 구간을 만들어 그 구간에 한 대의 열차만 운행하는 방식

[도시철도차량운전규칙(서울교통공사)]

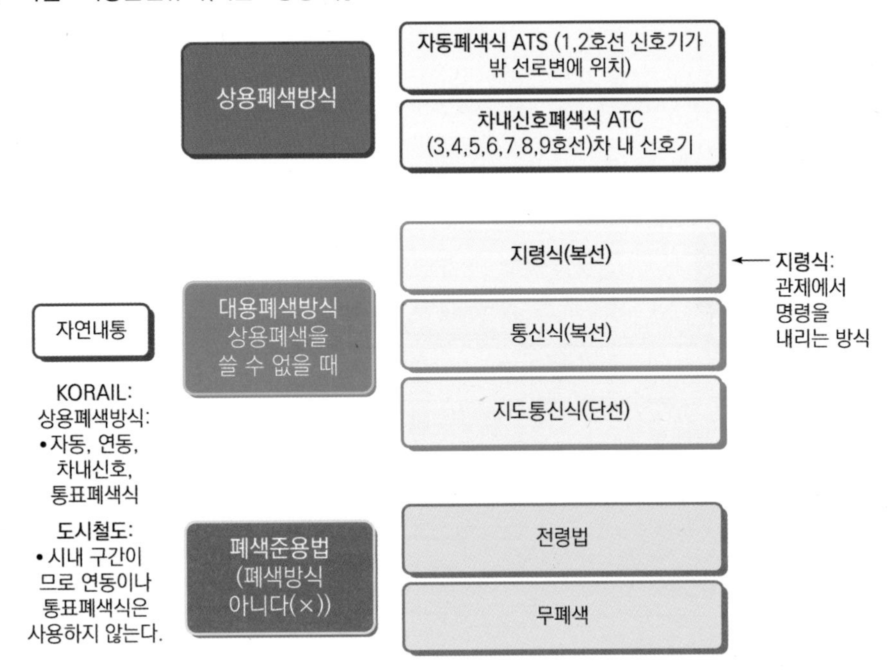

[지도통신식(KORAIL, 서울교통공사)]

지도통신식

- 한 방향으로 더 많은 열차를 보낼 수 있는 장점이 있다.
- A역에서 B역으로 123 125 127 열차가 있고 B역에서 A역으로 124 126열차가 있다고 가정하면

1. 123 125 열차는 지도권을 가지고, 127열차는 지도표를 가지고 B역 방향으로 온다.
2. 127 열차를 통해 지도표가 B역에 도착하면 “역장님! 이 차가 마지막 차에요, 지도표 여기 있어요. 받으세요” 그러면 B역장은 “아 이제 모든 열차가 다 왔구나!! 이제 A역 쪽으로 124, 126 열차를 보내도 좋다”
   - 지도통신식은 지도식에 비해 많은 열차를 보낼 수 있다.

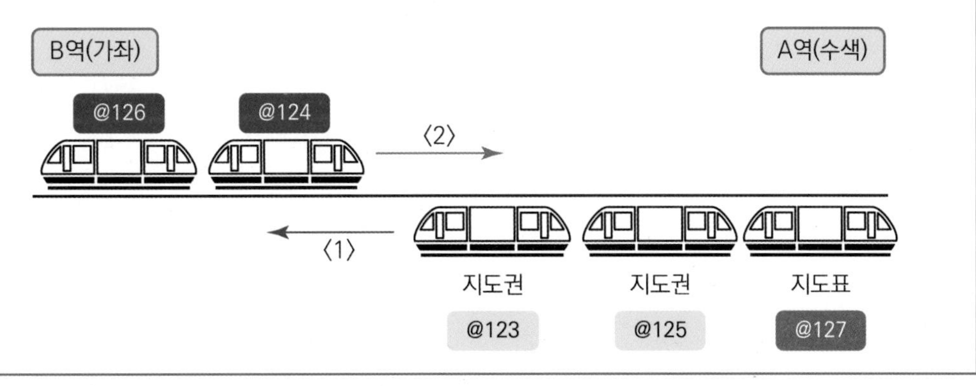

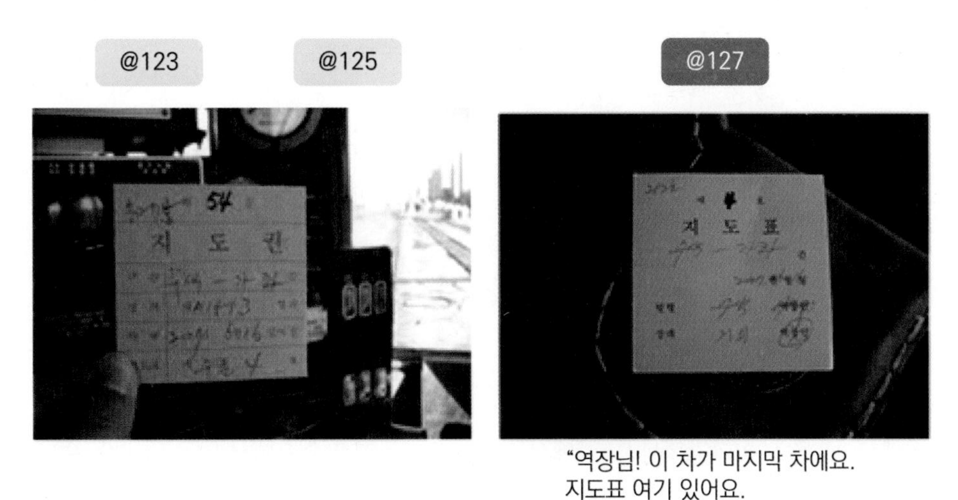

“역장님! 이 차가 마지막 차에요.
지도표 여기 있어요.
받으세요.”

① 상용폐색방법(늘 사용하는 폐색방식)

② 대용폐색방법(상용폐색사용이 안 될 때)으로 대별

가. 상용폐색방식(늘 사용하는 폐색방식)

패색구간에 열차 운전 시 평상 시 상용폐색방식에 의하여 선로의 상태에 따라 분류하는 방식

(1) 복선구간

1. 자동폐색식(Automatic Block System)

   지상에 있는 폐색신호기에 열차가 진입하면 그 뒤의 신호기는 자동으로 정지, 주의, 진행의 순으로 현시. 자동으로 신호현시, 자동으로 폐색구간이 정해지는 방식

예제 폐색신호기에 [ ]하면 그 [ ]는 [ ]의 순으로 현시. 즉 자동으로 [ ], 자동으로 [ ]이 정해지는 방식을 자동폐색식이라고 한다.

정답 열차가 진입, 뒤의 신호기, 자동으로 정지, 주의, 진행, 신호현시, 폐색구간,

[자동폐색식 개념도]

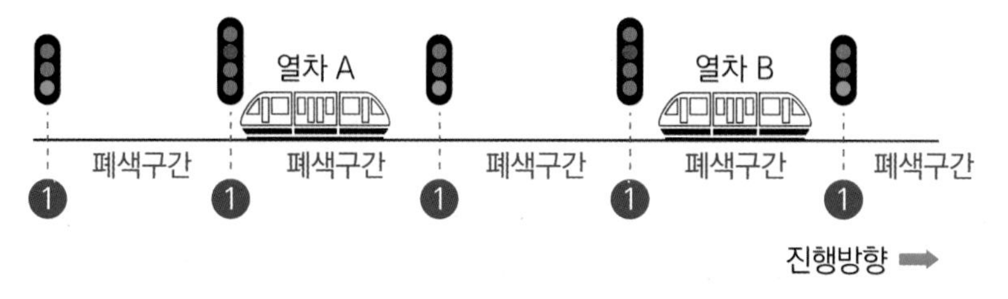

2. 차내신호폐색식(Cab Signaling Block System)

   ATC, ATO 구간에서 레일에서 쏴주는 속도코드를 이용해서 차내신호기에 의해 폐색이 이루어지는 방식

예제 [ ], [ ] 구간에서 [ ]에서 쏴주는 [ ]를 이용해서 [ ]에 의해 폐색이 이루어지는 방식을 차내신호폐색식이라고 한다.

정답 ATC, ATO, 레일, 속도코드, 차내신호기

(2) 단선구간

- 단선구간은 훨씬 더 위험
- 상행선, 하행선이 하나의 선로에서 운행
- 단선자동폐색식(Automatic Block System)

나. 대용폐색방식

1. 복선운전을 할 때: 통신식, 지령식
2. 단선운전을 할 때: 지도통신식

다만, CTC에 의해 열차의 운행위치를 확인할 수 있고 열차무선을 사용할 수 있을 때에는 지령식

다. 폐색준용법

1. 전령법
2. 무폐색운전

[전령법]

- 전령법은 폐색준용법(閉塞準用法)의 하나이다.
- 응급적인 열차의 상용폐색 및 대용폐색을 사용할 수 없을 경우에 전령법에 준하여 열차의 안전을 도모하는 열차 운행 방법
- 전령법은 1명의 계원을 전령자로 지정하고, 이 사람이 사실상의 통표 역할을 하여 열차에 첨승해 운행하는 방식을 의미
- 전령자는 전령임을 나타내는 표식(완장 등)을 착용하여야 하며, 전령자가 탄 열차 이외에 해당 구간에는 열차를 운행할 수 없다.
- 또한, 전령법은 유일하게 특정 구간에 투입되었다가 되돌아 나오는 운행을 하는 경우에 쓰이는 방식
- 전령법은 따라서 폐색구간에 이미 열차가 사고로 멈춰서 있는 경우 그 구난을 위해서 투입되는 구원열차의 운행에 특히 적용
- 이 경우 전령자는 사고 열차의 위치 등을 확인, 인지하여 구원열차에 첨승하여 해당 구간에 투입되어야 한다.
- 이렇게 투입된 전령자는 사고열차를 출발한 역으로 다시 견인해 오게 됨으로써 임무를 마치게 한다.

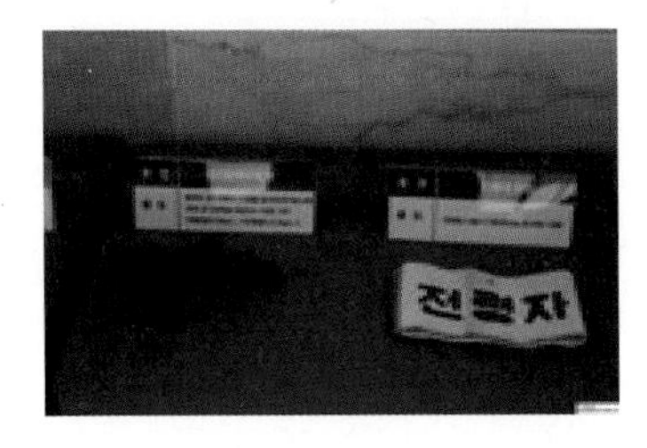

[서울교통공사 운전취급규정]

제116조(폐색방식) 상용폐색방식과 대용폐색방식으로 대별한다.

제117조(폐색준용법) 폐색방식을 시행할 수 없는 경우 이에 준하여 열차를 운전시키기 위하여 시행하는 방법을 말한다.

제118조(폐색방식의 종류)

① 상용폐색방식의 종류

1. 복선구간
   가. 자동폐색식
   나. 차내신호폐색식
   다. 단선자동폐색식(상, 하선 각각 양방향 운전할 때)
2. 단선구간: 단선자동폐색식

② 대용폐색방식의 종류

복선운전을 할 때: 통신식, 지령식

단선운전을 할 때: 지도통신식

다만, CTC에 의해 열차의 운행위치를 확인할 수 있고 열차무선을 사용할 수 있을 때에는 지령식

③ 폐색준용법은 전령법과 무폐색운전으로 구분한다.

[도시철도차량운전규칙(서울교통공사)]

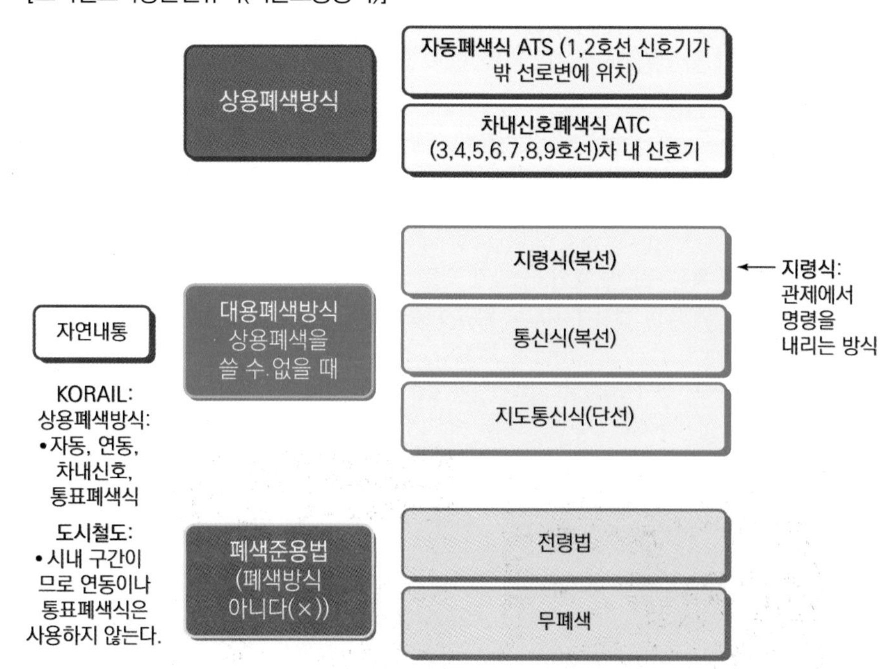

[학습자료] 폐색장치의 종류

고정폐색장치(FBX : Fixed Block System)

역과 역 사이를 1개 구역(폐색)으로 분할하고 역 사이에 1개 열차만 운행할 수 있는 신호장치(초기폐색장치)

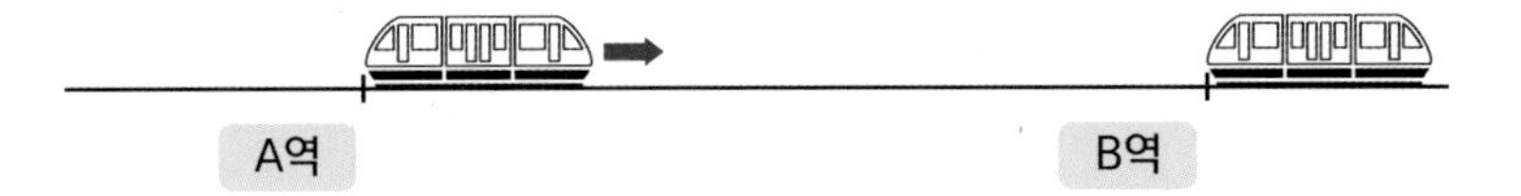

자동폐색장치(ABS : Automatic Block System)

역과 역 사이를 다수구역(폐색)으로 분할하고 구역마다 설치된 신호기가 자동적으로 속도를 지시하여 열차 운행 밀도가 향상된 신호장치

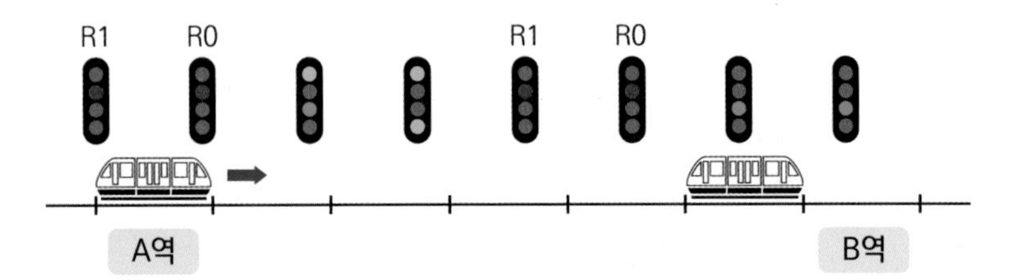

이동폐색장치(MBS : Moving Block System)

역과 역 사이를 구역으로 분할하지 않고 선행열차와 후속열차가 상호위치 등 운행정보를 송수신하여 후속열차가 선행열차를 최대한 접근 가능토록 하여 고밀도운전이 가능한 신호장치

[고정폐색과 이동폐색]

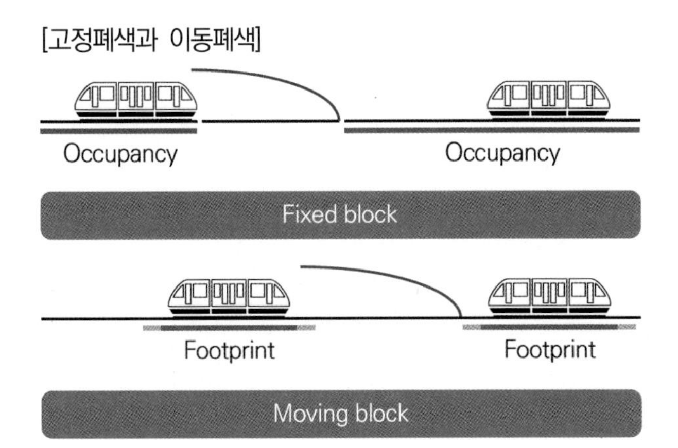

[FBS와 MBS의 제동곡선의 비교]

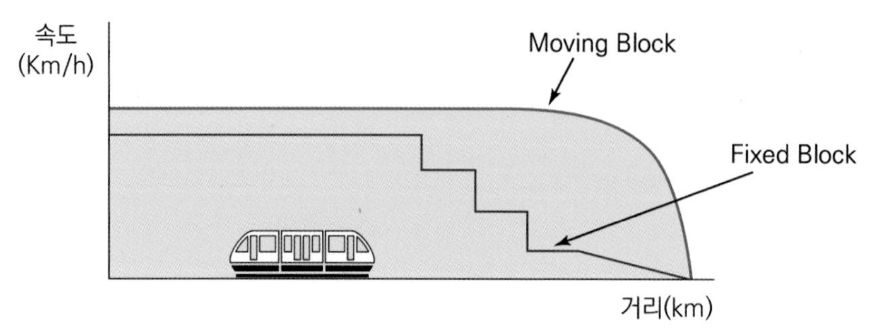

[고정폐색(FBS)]

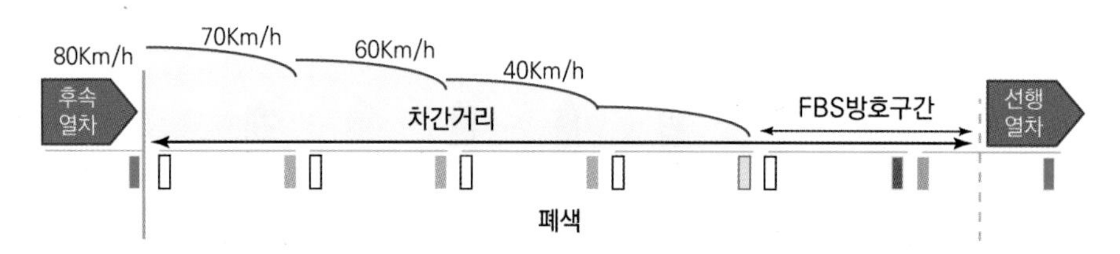

[이동폐색(MBS)CBTC]

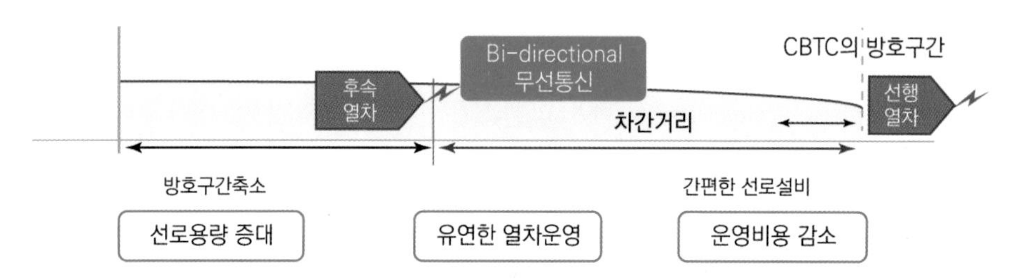

예제 다음 중 선로의 일정구간에서 둘 이상의 열차를 동시에 운전시키지 아니하는 것은?

가. 신호 나. 입환

다. 폐색 라. 전호

해설 도시철도운전규칙 제3조(정의) 제6호 "폐색"이란 선로의 일정구간에 둘 이상의 열차를 동시에 운전시키지 아니하는 것을 말한다.

7. **"전차선로"**란 전차선 및 이를 지지하는 인공구조물을 말한다.

예제 "전차선로"란 [　　　　] 및 이를 지지하는 [　　　　　　] 을 말한다.

정답 전차선, 인공구조물

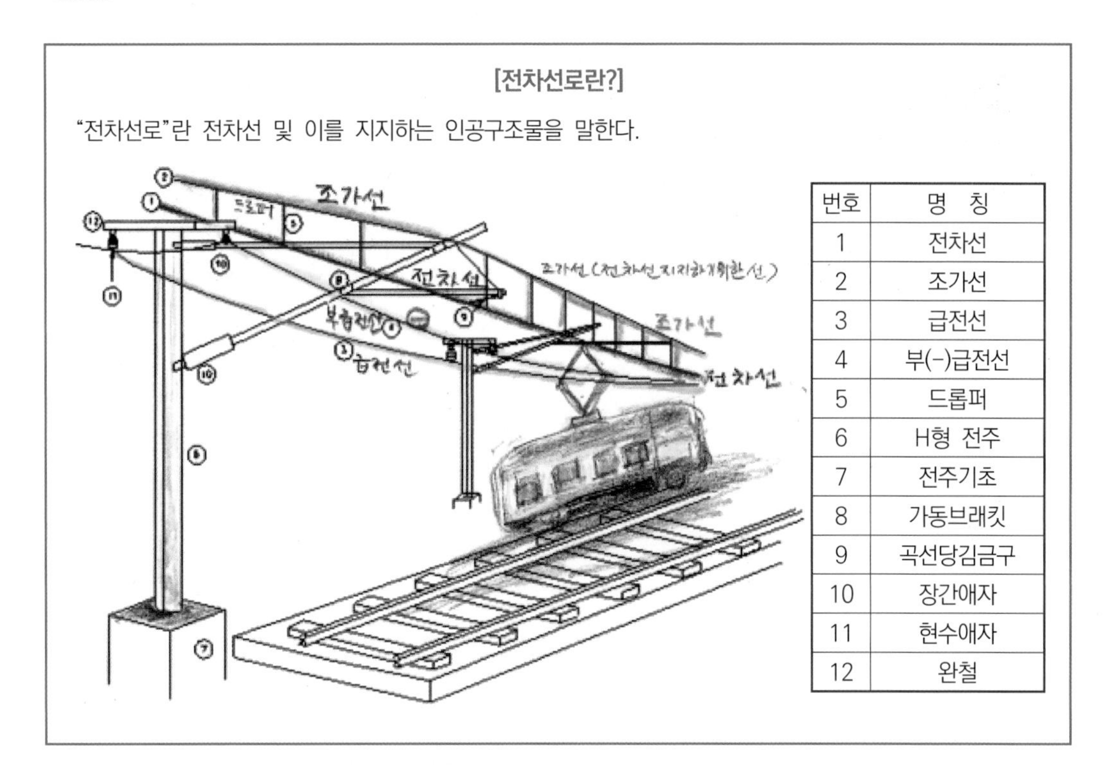

번호	명 칭
1	전차선
2	조가선
3	급전선
4	부(-)급전선
5	드롭퍼
6	H형 전주
7	전주기초
8	가동브래킷
9	곡선당김금구
10	장간애자
11	현수애자
12	완철

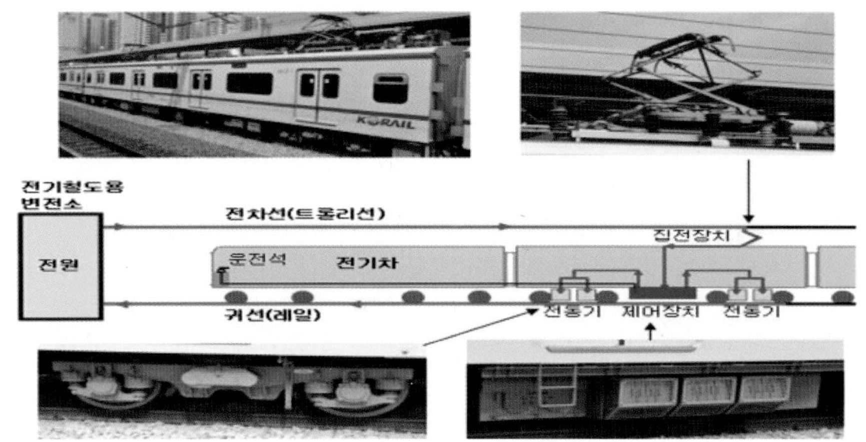

[전차선로의 구성]

예제 **다음 도시철도 운전규칙에 관한 설명으로 틀린 것은?**

가. "차량"이란 선로에서 운전하는 열차 외의 전동차 · 궤도시험차 · 전기시험차 등을 말한다.

나. "전차선로"라 함은 전차선 및 이를 지지하는 공작물을 말한다.

다. "폐색(閉塞)"이란 선로의 일정구간에 둘 이상의 열차를 동시에 운전시키지 아니하는 것을 말한다.

라. "운전보안장치"란 열차 및 차량의 안전운전을 확보하기 위한 장치를 말한다.

해설 도시철도운전규칙 제3조(정의) 제7호 "전차선로"란 전차선 및 이를 지지하는 인공구조물을 말한다.

8. **"운전사고"**란 열차 등의 운전으로 인하여 사상자(死傷者)가 발생하거나 도시철도시설이 파손된 것을 말한다.

예제 **"운전사고"란 열차 등의 운전으로 인하여 [ ]가 발생하거나 [ ]이 [ ]된 것을 말한다.**

정답 사상자, 도시철도시설, 파손

[운전사고]

대구 열차 추돌사고

경찰, 4배 과속으로 탈선사고 낸 무궁화호 열차 기관사 형사처벌 방침 - 조선일보

예제 **다음 중 괄호 안에 들어갈 용어가 순서대로 짝지어진 것은?**

- '운전사고는 열차 등의 운전으로 인하여 (　　　)가 발생하거나 도시철도시설이 파손된 것'
- '운전장애는 열차 등의 운전으로 인하여 그 열차 등의 운전에 지장을 주는 것 중 (　　　)에 해당하지 아니 하는 것'

가. 열차사고, 열차탈선사고　　　나. 사상자, 건널목사고

다. 사상자, 운전사고　　　라. 중상자, 열차사고

해설 도시철도운전규칙 제3조(정의) 제8호: "운전사고"란 열차 등의 운전으로 인하여 사상자가 발생하거나 도시철도시설이 파손된 것을 말한다. 제9호 "운전장애"란 열차 등의 운전으로 인하여 그 열차 등의 운전에 지장을 주는 것 중 운전사고에 해당하지 아니하는 것을 말한다.

9. **"운전장애"**란 열차 등의 운전으로 인하여 그 열차 등의 운전에 지장을 주는 것 중 운전사고에 해당하지 아니하는 것을 말한다.

예제 **"운전장애"란 열차 등의 운전으로 인하여 그 열차 등의 [　　]에 [　　]을 주는 것 중 [　　　]에 [　　　　　　]을 말한다.**

정답 운전, 지장, 운전사고, 해당하지 아니하는 것

[열차운행장애]

전기 공급 장애로 안산선 및 수인선 일부구간 열차 운행 장애

인천2호선 신호장애로 전 구간 10분간 운행중지 - 레일뉴스

예제 **다음 중 빈칸의 괄호 안에 들어갈 용어가 순서대로 짝지어진 것은?**

- '(①): 열차 등의 운전으로 사상자가 발생하거나 도시철도시설이 파손된 것'
- '(②): 열차 등의 운전으로 인하여 그 열차 등의 운전에 지장을 주는 것 중 (①)에 해당하지 아니하는 것'

가. 운전장애, 운전사고　　　나. 운전장애, 열차사고

다. 운전사고, 운전장애　　　라. 열차사고, 운전사고

해설 도시철도운전규칙 제3조(정의) 제8호 "운전사고"란 열차 등의 운전으로 인하여 사상자(死傷者)가 발생하거나 도시철도시설이 파손된 것을 말한다. 제9호 "운전장애"란 열차 등의 운전으로 인하여 그 열차 등의 운전에 지장을 주는 것 중 운전사고에 해당하지 아니하는 것을 말한다.

예제 **다음 중 보기의 내용이 설명하는 것은?**

'열차 등의 운전으로 인하여 그 열차 등의 운전에 지장을 주는 것 중 운전사고에는 해당하지 아니하는 것

가. 운전장애　　　나. 운전사고

다. 열차사고　　　라. 철도장애

해설 도시철도운전규칙 제3조(정의) 제9호 "운전장애"란 열차 등의 운전으로 인하여 그 열차 등의 운전에 지장을 주는 것 중 운전사고에 해당하지 아니하는 것을 말한다.

10. **"노면전차"**란 도로면의 궤도를 이용하여 운행되는 열차를 말한다.

예제 **"노면전차"란 [ ]의 [ ]를 이용하여 운행되는 열차를 말한다.**

정답 도로면, 궤도

[궤도(레일, 침목, 도상) 및 노반]

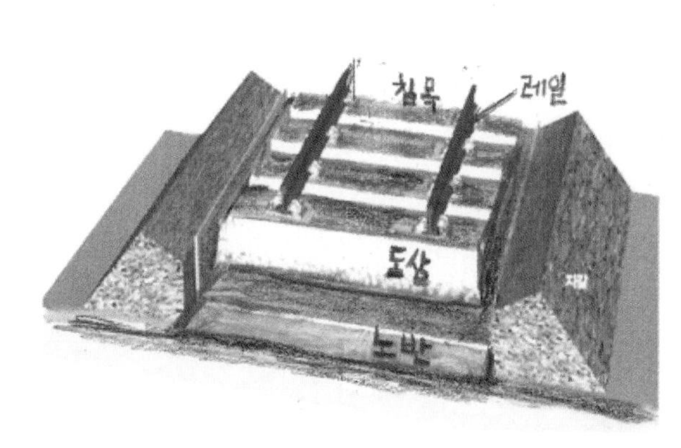

10. "노면전차"란 도로면의 궤도를 이용하여 운행되는 열차를 말한다.

* 노면전차 : 도로의 일부에 설치한 레일 위를 운행하는 차

서울역사박물관에 복원/전시된
60년대 서울노면전차 381호

맨체스터의 노면전차(tram)

[노면전차]

예제 다음 중 도로변의 궤도를 이용하여 운행되는 열차는 무엇인가?

가. 자기부상열차 **나. 노면전차**
다. 경전철 라. 트롤리버스

해설 도시철도운전규칙 제3조(정의) 제10호 "노면전차"란 도로면의 궤도를 이용하여 운행되는 열차를 말한다.

11. **"무인운전"**이란 사람이 열차 안에서 직접 운전하지 아니하고 관제실에서의 원격 조종에 따라 열차가 자동으로 운행되는 방식을 말한다.

예제 **"무인운전"이란 사람이 열차 안에서 [ ]하지 아니하고 [ ]에서의 [ ]에 따라 열차가 [ ]으로 운행되는 방식을 말한다.**

정답 직접 운전, 관제실, 원격조종, 자동

11. "무인운전"이란 사람이 열차 안에서 직접 운전하지 아니하고 관제실에서의 원격조종에 따라 열차가 자동으로 운행되는 방식

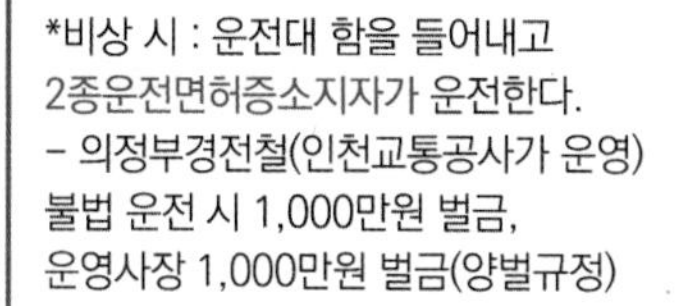

무인운전 관제센터

[무인운전시스템]

현대로템 신분당선 무인전동차,
개통 2500일 안정적 운행

예제 다음 설명하고 있는 운전방식은 무엇인가?

"사람이 열차 안에서 직접 운전하지 아니하고 관제실에서의 원격조정에 따라 열차가 자동으로 운행되는 방식"

가. 시계운전
나. 시험운전
다. 원격운전
라. 무인운전

해설 도시철도운전규칙 제3조(정의) 제11호 "무인운전"이란 사람이 열차 안에서 직접 운전하지 아니하고 관제실에서의 원격조종에 따라 열차가 자동으로 운행되는 방식을 말한다.

12. "시계운전(視界運轉)"이란 사람의 육안에 의존하여 운전하는 것을 말한다.

예제 **"시계운전"이란 사람의 [ ]에 [ ]하여 운전하는 것을 말한다.**

정답 육안, 의존

예제 **다음 중 보기의 내용으로 알맞은 운전방식은?**

'사람의 육안에 의존하여 운전하는 방식'

가. 확인운전
나. 주의운전
다. 시계운전
라. 지령운전

해설 도시철도운전규칙 제3조(정의) 제12호: "시계운전"이란 사람의 육안에 의존하여 운전하는 것을 말한다.

제4조(직원 교육)

① 도시철도운영자는 도시철도의 안전과 관련된 업무에 종사하는 직원에 대하여 적성검사와 정해진 교육을 하여 도시철도 운전 지식과 기능을 습득한 것을 확인한 후 그 업무에 종사하도록 하여야 한다. 다만, 해당 업무와 관련이 있는 자격을 갖춘 사람에 대해서는 적성검사나 교육의 전부 또는 일부를 면제할 수 있다.

② 도시철도운영자는 소속직원의 자질 향상을 위하여 적절한 국내연수 또는 국외연수 교육을 실시할 수 있다.

[제4조 직원 교육]

① 도시철도운영자는 도시철도의 안전과 관련된 업무에 종사하는 직원에 대하여 적성검사와 정해진 교육을 하여 도시철도 운전 지식과 기능을 습득한 것을 확인한 후 그 업무에 종사하도록 하여야 한다.(관제사: 실무수습 100시간(시험출제), 기관사: 기관사 발령을 받으면 회사별로 다르나 6,000시간, 2,000시간 보통 3개월 정도 연습훈련 받음. 4호선 신호기 위치, 오르막, 커브, 어느 정류장 들어갈 때 속도와 제동은 어떤 방식으로?)

다만, 해당 업무와 관련이 있는 자격을 갖춘 사람에 대해서는 적성검사나 교육의 전부 또는 일부를 면제할 수 있다(신체검사는 2년에 한 번(기관사, 관제사, 선로전환기 취급자 해당), 적성검사는 10년에 한 번).

② 도시철도운영자는 소속직원의 자질 향상을 위하여 적절한 국내연수 또는 국외연수 교육을 실시할 수 있다(기관사는 소수가 해외연수, 차량 정비하는 직원들이 주로 해당, 요즘에는 로템 등 국내 차량 제작회사들이 있지만, 과거에는 외국에서 차량을 수입했기 때문에 해외연수(영국, 일본 차량제작회사에서 2~3개월 정도) 많이 다녀왔음. 연수 후 독자적인 기술보유 장점으로 인해 팀장 등 리더로 승진) 인도네시아, 말레이시아, 태국, 인도 등에서 서울교통공사에 수없이 많은 철도인이 방문하여 교육받고 돌아감.

예제 다음 설명 중 바르지 않는 것은?

가. 도시철도운영자는 열차 등을 안전하게 운전할 수 있도록 필요한 조치를 하여야 한다.

나. 해당 업무와 관련이 있는 자격을 갖춘 사람에 대해서는 적성검사나 교육의 일부만을 면제할 수 있다.

다. 도시철도운영자는 재해를 예방하고 안전성을 확보하기 위하여 도시철도시설의 안전점검 등 안전조치를 하여야 한다.

라. 도시철도운영자는 소속직원의 자질향상을 위하여 적절한 국내연수 또는 국외연수 교육을 실시할 수 있다.

해설 도시철도운전규칙 제4조(직원 교육) 제1항: 도시철도운영자는 도시철도의 안전과 관련된 업무에 종사하는 직원에 대하여 적성검사와 정해진 교육을 하여 도시철도 운전 지식과 기능을 습득한 것을 확인한 후 그 업무에 종사하도록 하여야 한다. 다만, 해당 업무와 관련이 있는 자격을 갖춘 사람에 대해서는 적성검사나 교육의 전부 또는 일부를 면제할 수 있다.

제5조(안전조치 및 유지·보수 등)

① 도시철도운영자는 열차 등을 안전하게 운전할 수 있도록 필요한 조치를 하여야 한다.

② 도시철도운영자는 재해를 예방하고 안전성을 확보하기 위하여 「시설물의 안전 및 유지관리에 관한 특별법」에 따라 도시철도시설의 안전점검 등 안전조치를 하여야 한다.

예제 **도시철도운영자는 [   ]하고 [   ]하기 위하여 [   ]에 따라 [   ]의 안전점검 등 [   ]를 하여야 한다.**

정답 재해를 예방, 안전성을 확보, 시설물의 안전 및 유지관리에 관한 특별법, 도시철도시설, 안전조치

[제5조 안전조치 및 유지 · 보수]

① 도시철도운영자는 열차 등을 안전하게 운전할 수 있도록 필요한 조치를 하여야 한다(운전취급규정, 운전종사자 작업내규, 전동차 정비지침서 등). (안전관리체계에 따른 비상대응조치 매뉴얼(화재, 고장 시 등에 대비))

② 도시철도운영자는 재해를 예방하고 안전성을 확보하기 위하여 「시설물의 안전관리에 관한 특별법」에 따라 도시철도시설의 안전점검 등 안전조치를 하여야 한다.

예제 **다음 중 도시철도운전규칙에 관한 설명으로 틀린 것은?**

가. 도시철도운영자는 재해를 예방하고 안정성을 확보하기 위하여 「도시철도법」에 따라 도시철도시설의 안전점검 등 안전조치를 하여야 한다.

나. 선로는 매일 한 번 이상 순회점검 하여야 한다.

다. 이미 운영하고 있는 구간을 확장 · 이설 또는 개조한 경우에는 관계 전문가의 안전진단을 거쳐 시험운전기간을 줄일 수 있다.

라. 도시철도운영자는 안전운전과 이용승객의 편의 증진을 위하여 장기 · 단기 계획을 수립하여 시행하여야 한다.

해설 도시철도운전규칙 제5조(안전조치 및 유지 · 보수 등) 제2항 도시철도운영자는 재해를 예방하고 안전성을 확보하기 위하여 「시설물의 안전관리에 관한 특별법」에 따라 도시철도시설의 안전점검 등 안전조치를 하여야 한다.

제6조(응급복구용 기구 및 자재 등의 정비)

도시철도운영자는 차량, 선로, 전력설비, 운전보안장치, 그 밖에 열차운전을 위한 시설에 재해·고장·운전사고 또는 운전장애가 발생할 경우에 대비하여 응급복구에 필요한 기구 및 자재를 항상 적당한 장소에 보관하고 정비하여야 한다.

예제 **도시철도운영자는 차량, 선로, 전력설비, 운전보안장치, 그 밖에 열차운전을 위한 시설에 [ ]·[ ]·[ ] 또는 [ ]가 발생할 경우에 대비하여 [ ]에 필요한 기구 및 자재를 항상 적당한 장소에 보관하고 정비하여야 한다.**

정답 재해, 고장, 운전사고, 운전장애, 응급복구
* 응급복구용 기구: 중보선장비, 경보선장비, 건설장비

제7조 삭제

제8조(안전운전계획의 수립 등)

도시철도운영자는 안전운전과 이용승객의 편의 증진을 위하여 장기·단기계획을 수립하여 시행하여야 한다.

예제 **도시철도운영자는 [ ]과 이용승객의 [ ]을 위하여 [ ]을 수립하여 [ ]하여야 한다.**

정답 안전운전, 편의 증진, 장기·단기계획, 시행

[제8조 안전운전계획의 수립 등]

도시철도운영자는 안전운전과 이용승객의 편의 증진을 위하여 장기 · 단기계획을 수립하여 시행하여야 한다.

대구도시철도 3호선 통합관제실 직원이 열차의 운행 상태를 확인하고 있다. 이지용 기자 sajahu@yeongnam.com

제9조(신설구간 등에서의 시험운전)

도시철도운영자는 선로 · 전차선로 또는 운전보안장치를 신설 · 이설(移設) 또는 개조한 경우 그 설치상태 또는 운전체계의 점검과 종사자의 업무 숙달을 위하여 정상운전을 하기 전에 60일 이상 시험운전을 하여야 한다. 다만, 이미 운영하고 있는 구간을 확장 · 이설 또는 개조한 경우에는 관계 전문가의 안전진단을 거쳐 시험운전 기간을 줄일 수 있다.

예제 도시철도운영자는 [ ] · [ ] 또는 운전보안장치를 [ ] · [ ] 또는 개조한 경우 그 설치상태 또는 [ ]의 점검과 종사자의 업무 숙달을 위하여 [ ]을 하기 전에 [ ] [ ]을 하여야 한다.

정답 선로, 전차선로, 신설, 이설, 운전체계, 정상운전, 60일 이상, 시험운전

예제 다만, 이미 운영하고 있는 구간을 [ ] · [ ] 또는 [ ]한 경우에는 관계 전문가의 [ ]을 거쳐 시험운전 기간을 줄일 수 있다.

정답 확장, 이설, 개조, 안전진단

[제9조 신설구간 등에서의 시험운전 (38조: 종합시험운행)]

도시철도운영자는 선로 · 전차선로 또는 운전보안장치를 신설 · 이설(移設) 또는 개조한 경우 그 설치상태 또는 운전체계의 점검과 종사자의 업무 숙달을 위하여 정상 운전을 하기 전에 「60일 이상」 시험운전을 하여야 한다.

다만, 이미 운영하고 있는 구간을 확장 · 이설 또는 개조한 경우에는 관계 전문가의 안전진단을 거쳐 시험운전 기간을 줄일 수 있다.

*** 이설: 다른 곳으로 옮겨서 설치**

[철도안전법 제38조(종합시험운행)]

① 철도시설관리자는 철도노선을 새로 건설하거나 기존노선을 개량(직선화, 노선연장 등)하여 운영하고자 할 때 철도시설의 설치상태 및 열차운행체계의 점검과 철도종사자의 업무숙달 등을 위하여 정상운행을 하기 전에 종합시험운행을 실시한 후(60일 이상) 그 결과를 국토교통부장관에게 보고하여야 한다.

② 국토교통부장관은 종합시험운행결과 받은 후
- 기술기준에의 적합 여부
- 철도시설 및 열차운행체계(인터페이스)의 안전성 여부
- 정상운행 준비의 적절성 여부

등을 검토하여 필요하다고 인정하는 경우에는 개선 · 시정할 것을 명할 수 있다.

③ 종합시험운행의 실시 시기 · 방법 · 기준과 개선 · 시정 명령 등에 필요한 사항은 국토교통부령으로 정한다.

분당선 망포~수원 구간 종합시험운행 개시 · 분당선 오리~수원 복선전철의 마지막 구간이 시공을 완료해 종합시험운행에 들어갔다. 국토매일

기출 **다음 철도안전법에서의 종합시험운행과 관련한 사항으로 옳은 것은?**

가. 시설물 검정 시험과 시운전 나. 완성차량 검사와 영업 시 운전

다. 주행시험 라. 제작검사와 완성차량 검사

해설 나. 완성차량 검사는 차를 팔기 전에 하는 검사

다. 주행시험은 차량이 성능과 안전성을 확보하였는지 운행선로 시운전을 통해 최종확인 단계 (철도기술연구원)

기출 **다음 중 종합시험운행 결과를 검토하는 기관으로 옳은 것은?**

가. 한국교통안전공단 나. 한국철도기술연구원

다. 한국철도시설공단 라. 전문기관이나 단체

해설
- **한국교통안전공단**: 철도노선 신설이나 개량시 운행중 발생할 수 있는 안전사고로부터 국민을 보호하고자 철도종합시험 운행 결과 검토를 수행한다.
- **주행시험**: 철도차량이 형식승인 받는 대로 성능과 안전성을 확보하였는지 운행선로 시운전을 통해 최종확인 검사(한국철도기술연구원)철도시설 및 철도차량의 안전관리(제26조의 6)
- **철도차량 완성검사**: 철도차량기술수준에 적합하고, 설계대로 제작 되었는지를 확인하는 검사(전문기관이나 단체)

기출 **다음 중 철도안전법에서의 주행시험운행과 관련된 사항으로 옳은 것을 모두 고르시오.**

가. 종합주행시험의 일부이다. **나. 철도차량 완성검사의 방법이다.**

다. 운행선로 시운전으로 확인한다. 라. 제작검사의 최종단계이다.

해설 정답: 나, 다

주행시험운행(차량이 완성되었을 때는 그냥 가기만 한다)과 **종합시험운행**(새로운 선로가 건설되었을 때 시운전)을 반드시 구분해야 한다.
- **종합시험운행**(철도안전법 제38조): 철도운영자 등은 철도노선을 신설하거나 기존 노선을 개량하여 운영하려는 경우에는 정상운행을 하기 전에 종합시험운행을 실시한 후 그 결과를 국토교통부장관에게 보고하여야 한다.

기출 **다음 중 주행시험운행을 실시하는 위탁기관으로 옳은 것은?**

가. 교통안전공단
나. 한국철도기술연구원
다. 한국철도시설공단
라. 전문기관이나 단체

해설 주행시험운행을 실시하는 위탁기관은 한국철도기술연구원이다.

예제 다음 중 선로 · 전차선로 또는 운전보안장치를 신설 · 이설 또는 개조한 경우 종사자의 업무 숙달을 위하여 정상운행을 하기 전에 며칠 이상 시험운전을 하여야 하는가?

가. 15일
나. 30일
다. 60일
라. 90일

해설 도시철도운전규칙 제9조(신설구간 등에서의 시험운전) 도시철도운영자는 선로 · 전차선로 또는 운전보안장치를 신설 · 이설(移設) 또는 개조한 경우 그 설치상태 또는 운전체계의 점검과 종사자의 업무 숙달을 위하여 정상운전을 하기 전에 60일 이상 시험운전을 하여야 한다.

예제 **도시철도운전규칙에서 도시철도운영자에 관한 다음 설명 중 틀린 것은?**

가. 도시철도운영자는 차량, 선로, 전력설비, 운전보안장치, 그 밖에 열차운전을 위한 시설 기구 및 자재를 항상 적당한 장소에 보관하고 정비하여야 한다.

나. 도시철도운영자는 선로 · 전차선로 또는 운전보안장치를 신설 · 이설 또는 개조한 경우 그 설치상태 또는 운전체계의 점검과 종사자의 업무 숙달을 위하여 정상운전을 하기 전에 30일 이상 시험운전을 하여야 한다.

다. 다만, 이미 운영하고 있는 구간을 확장 · 이설 또는 개조한 경우에는 관계 전문가의 안전진단을 거쳐 시험운전 기간을 줄일 수 있다.

라. 도시철도의 운전에 관하여 도시철도운전규칙에서 정하지 아니한 사항이나 도시교통권역별로 서로 다른 사항은 법령의 범위에서 도시철도운영자가 따로 정할 수 있다.

해설 도시철도운전규칙 제9조(신설구간 등에서의 시험운전): 도시철도운영자는 선로 · 전차선로 또는 운전보안장치를 신설 · 이설(移設) 또는 개조한 경우 그 설치상태 또는 운전체계의 점검과 종사자의 업무 숙달을 위하여 정상운전을 하기 전에 60일 이상 시험운전을 하여야 한다.

제2장

선로 및 설비의 보전

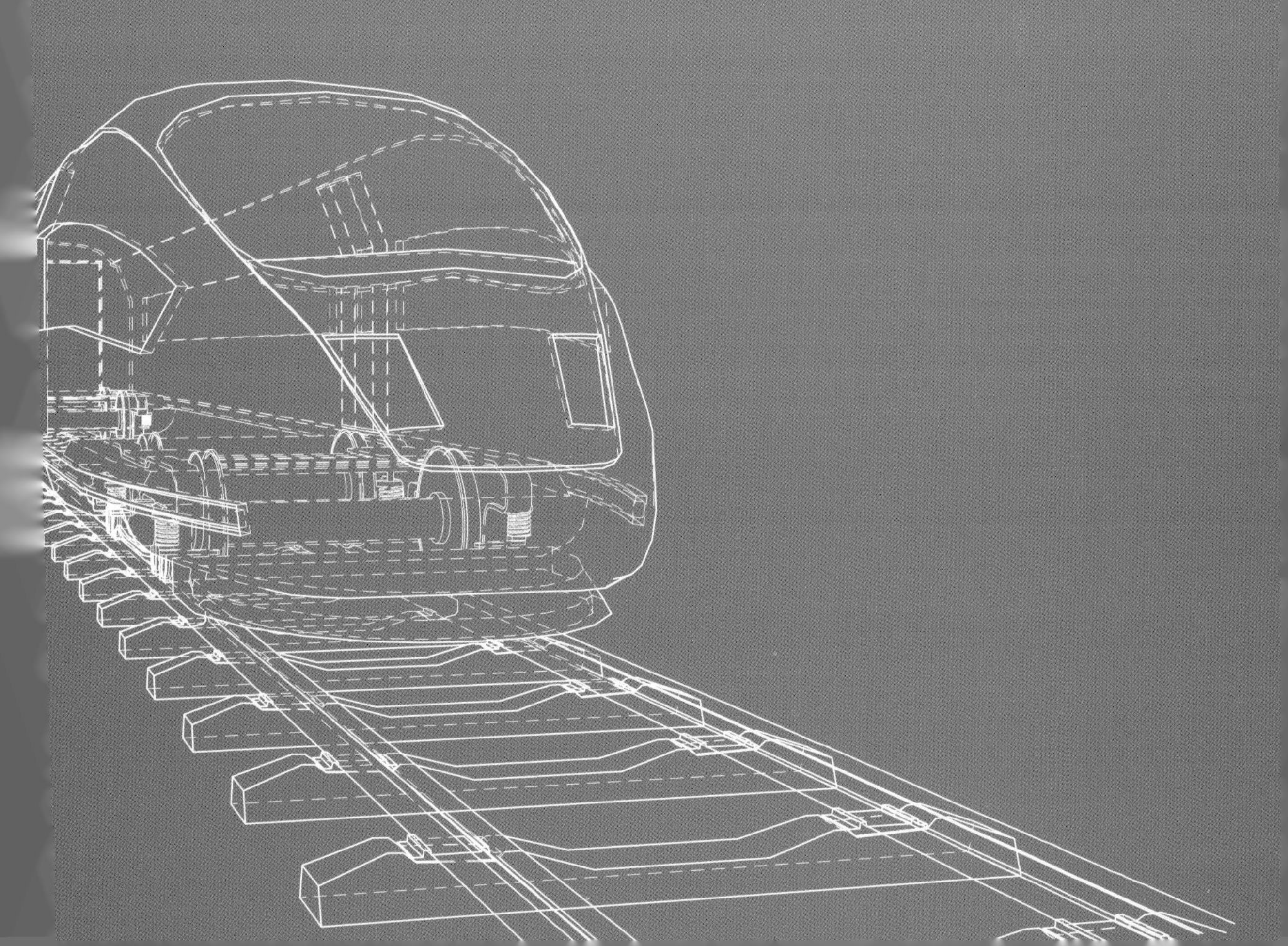

선로 및 설비의 보전

제1절 선로

제10조(선로의 보전)

① 선로는 열차 등이 도시철도운영자가 정하는 속도(이하 "지정속도")로 안전하게 운전할 수 있는 상태로 보전(保全)하여야 한다.

예제 선로는 열차 등이 도시철도운영자가 정하는 [ ]로 안전하게 운전할 수 있는 상태로 [ ]하여야 한다.

정답 지정속도, 보전

[제2장 선로 및 설비의 보전]

제1절 선로

제10조 선로의 보전

① 선로는 열차 등이 도시철도운영자가 정하는 속도(이하 "지정속도"라 한다)로 안전하게 운전할 수 있는 상태로 보전하여야 한다.

- 운전에 지장이 있거나 재해 우려 개소 : 서행 신호표시
- 선로와 전차선로: 매월 1회 이상 순시

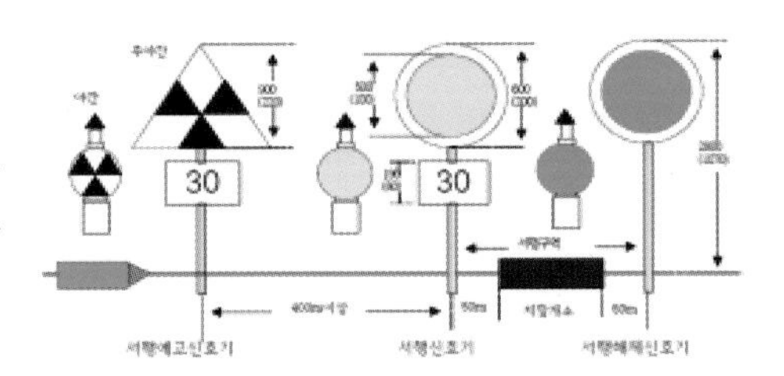

서행 신호표시: 속도 30km/h 표시, 그리고 200m 이상 되는 지점에 서행예고신호기를 설치(Korail은 400m)한다.

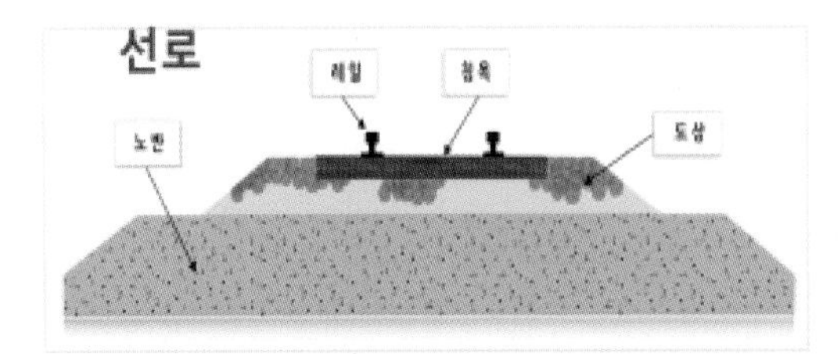

궤간의 치수는 1.435m가 표준궤간
레일까지 물이 올라오면 15km/h 이하로 운전

전차선로

"전차선로": 전차선 및 이를 지지하는 인공구조물

제11조(선로의 점검 · 정비)

① 선로는 매일 한 번 이상 순회점검하여야 하며, 필요한 경우에는 정비하여야 한다.

예제 **선로는 [　　　　] 이상 [　　　　] 하여야 하며, 필요한 경우에는 [　　]하여야 한다.**

정답 매일 한 번, 순회점검, 정비

[제11조 선로의 점검 · 정비]

① 선로는 매일 한 번 이상 순회점검하여야 하며, 필요한 경우에는 정비하여야 한다.
② 선로는 정기적으로 안전점검을 하여 안전운전에 지장이 없도록 유지 · 보수하여야 한다.

철도선로 보선원

예제 **다음 중 선로 및 설비의 보전에 관한 설명으로 틀린 것은?**

가. 선로는 매일 한 번 이상 순회점검하여야 한다.

나. 선로는 수시로 안전점검을 하여 안전운전에 지장이 없도록 유지 · 보수하여야 한다.

다. 선로를 신설 · 개조 또는 이설하는 경우에는 이를 검사하고 시험운전을 하기 전에는 사용할 수 없다.

라. 선로는 열차 등이 도시철도운영자가 정하는 속도로 안전하게 운행할 수 있는 상태로 보전하여야 한다.

해설 도시철도운전규칙 제11조(선로의 점검 · 정비) 제2항 선로는 정기적으로 안전점검을 하여 안전운전에 지장이 없도록 유지 · 보수하여야 한다.

예제 **선로의 점검 · 정비의 순회 점검사항으로 맞는 것은?**

가. 매일 1회 이상 나. 주 2회 이상

다. 월 2회 이상 라. 연 4회 이상

해설 도시철도운전규칙 제11조(선로의 점검 · 정비) 제1항 선로는 매일 한 번 이상 순회점검하여야 하며, 필요한 경우에는 정비하여야 한다.

제12조(공사 후의 선로 사용)

선로를 신설·개조 또는 이설하거나 일시적으로 사용을 중지한 경우에는 이를 검사하고 시험운전을 하기 전에는 사용할 수 없다. 다만, 경미한 정도의 개조를 한 경우에는 그러하지 아니하다.

예제 **선로를 신설·개조 또는 이설하거나 일시적으로 사용을 중지한 경우에는 이를 [ ]하고 [ ]을 하기 전에는 사용할 수 없다.**

정답 검사, 시험운전

예제 **[ ]은 [ ]이 차량이 [ ]되었을 때 시행한다.**

정답 주행시험운행, 철도기술연구원, 완성

예제 **[ ]은 [ ]가 건설되었을 때 차량시운전을 실시하면서 [ ]을 한다.**

정답 교통안전관리공단, 새로운 선로, 종합시험운행

[제12조 공사 후의 선로 사용]

선로를 신설 · 개조 또는 이설하거나 일시적으로 사용을 중지한 경우에는 이를 검사하고 시험운전을 하기 전에는 사용할 수 없다(주체: 교통공사 사장).
다만, 경미한 정도의 개조를 한 경우에는 그러하지 아니하다.

주의!!
종합시험운행: 철도노선을 새로 건설하거나 기존노선을 개량(선로직선화 등)하여 운영한 경우와 구분해야 한다.
- 주행시험운행(철도기술연구원은 차량이 완성되었을 때(열차를 판매하기 전에) 시험운행으로 열차가 그냥 가기만 하면 된다.)
- 종합시험운행(교통안전관리공단: 새로운 선로가 건설되었을 때 시운전)을 반드시 구분해야 한다.

예제 다음 중 선로의 보전 및 점검 · 정비 · 사용에 관한 설명으로 틀린 것은?

가. 선로는 매일 한 번 이상 순회점검하여야 하며 필요한 경우에는 이를 정비하여야 한다.

나. 선로를 개조한 경우에는 바로 사용할 수 있다.

다. 경미한 정도의 선로를 개조한 경우에는 검사와 시험운전을 거치지 않고 사용이 가능하다.

라. 신설 · 이설 · 개조 또는 수리한 통신설비는 이를 검사하여 기능을 확인한 후가 아니면 사용할 수 없다.

해설 도시철도운전규칙 제12조(공사 후의 선로 사용) 선로를 신설 · 개조 또는 이설하거나 일시적으로 사용을 중지한 경우에는 이를 검사하고 시험운전을 하기 전에는 사용할 수 없다. 다만, 경미한 정도의 개조를 한 경우에는 그러하지 아니하다.

제2절 전력설비

제13조(전력설비의 보전)

전력설비는 열차 등이 지정속도로 안전하게 운전할 수 있는 상태로 보전하여야 한다.

예제 전력설비는 열차 등이 [ ]로 [ ]하게 운전할 수 있는 상태로 [ ]하여야 한다.

정답 지정속도, 안전, 보전

예제 **다음 중 전력설비에 관한 설명으로 틀린 것은?**

가. 전차선로는 매일 한 번 이상 순회점검을 하여야 한다.

나. 전력설비는 열차 등이 최고속도로 운전할 수 있는 상태로 보전해야 한다.

다. 전력설비의 각 부분은 도시철도운영자가 정하는 주기에 따라 검사를 하고 안전운전에 지장이 없도록 하여야 한다.

라. 전력설비를 신설·이설·개조 또는 수리하거나 일시적으로 사용을 중지한 경우에는 이를 검사하고 시운전을 한 경우가 아니면 사용할 수 없다.

해설 도시철도운전규칙 제13조(전력설비의 보전): 전력설비는 열차 등이 **지정속도**로 안전하게 운전할 수 있는 상태로 보전하여야 한다.

[제2절 전력설비]

제13조 전력설비의 보전
전력설비는 열차 등이 지정속도로 안전하게 운전할 수 있는 상태로 보전하여야 한다.

제14조 전차선로의 점검
전차선로는 매일 한 번 이상 순회점검을 하여야 한다.

제15조(전력설비의 검사)
전력설비의 각 부분은 도시철도운영자가 정하는 주기에 따라 검사를 하고 안전운전에 지장이 없도록 정비하여야 한다.

* 전력설비: 전기차에 전력을 공급할 수 있는 전차선, 급전선, 귀선, 및 이에 부속하는 설비
* 순회점검: 여러 곳을 다니면서 하나하나 검사하는 일

* **서행운전 시**: 지정속도
* **철도차량운전규칙**: 지정속도가 아니고 서행속도
* **노면전차**: 도로교통법에 의한 최고속도

제14조(전차선로의 점검)

전차선로는 매일 한 번 이상 순회점검을 하여야 한다.

예제 **전차선로는 [ ] 이상 [ ]을 하여야 한다.**

정답 매일 한 번, 순회점검

예제 **다음 중 전차선로는 매일 몇 회 이상 순회점검을 하여야 하는가?**

가. 한 번
나. 두 번
다. 세 번
라. 네 번

해설 도시철도운전규칙 제14조(전차선로의 점검): 전차선로는 매일 한 번 이상 순회점검을 하여야 한다.

제15조(전력설비의 검사)

전력설비의 각 부분은 도시철도운영자가 정하는 주기에 따라 검사를 하고 안전운전에 지장이 없도록 정비하여야 한다.

예제 **전력설비의 각 부분은 [ ]가 정하는 [ ]에 따라 [ ]를 하고 [ ]에 지장이 없도록 정비하여야 한다.**

정답 도시철도운영자, 주기, 검사, 안전운전

예제 **다음 도시철도운전규칙에 관한 설명 중 틀린 것은?**

가. 열차는 차량의 특성 및 선로 구간의 시설 상태 등을 고려하여 안전운전에 지장이 없도록 편성하여야 한다.

나. 운전보안장치의 각 부분은 일정한 주기에 따라 검사를 하고 안전운전에 지장이 없도록 정비하여야 한다.

다. 도시철도운영자는 소속직원의 자질 향상을 위하여 적절한 국내연수 또는 국외연수 교육을 실시할 수 있다.

라. 전력설비는 정기적으로 안전점검을 하여 안전운전에 지장이 없도록 유지·보수하여야 한다.

해설 도시철도운전규칙 제15조(전력설비의 검사): 전력설비의 각 부분은 도시철도운영자가 정하는 주기에 따라 검사를 하고 안전운전에 지장이 없도록 정비하여야 한다.

제16조(공사 후의 전력설비 사용)

전력설비를 신설·이설·개조 또는 수리하거나 일시적으로 사용을 중지한 경우에는 이를 검사하고 시험운전을 하기 전에는 사용할 수 없다. 다만, 경미한 정도의 개조 또는 수리를 한 경우에는 그러하지 아니하다.

제3절 통신설비

제17조(통신설비의 보전)

통신설비는 항상 통신할 수 있는 상태로 보전하여야 한다.

예제 **통신설비는 항상 [ ]할 수 있는 상태로 [ ]하여야 한다.**

정답 통신, 보전

[통신설비]

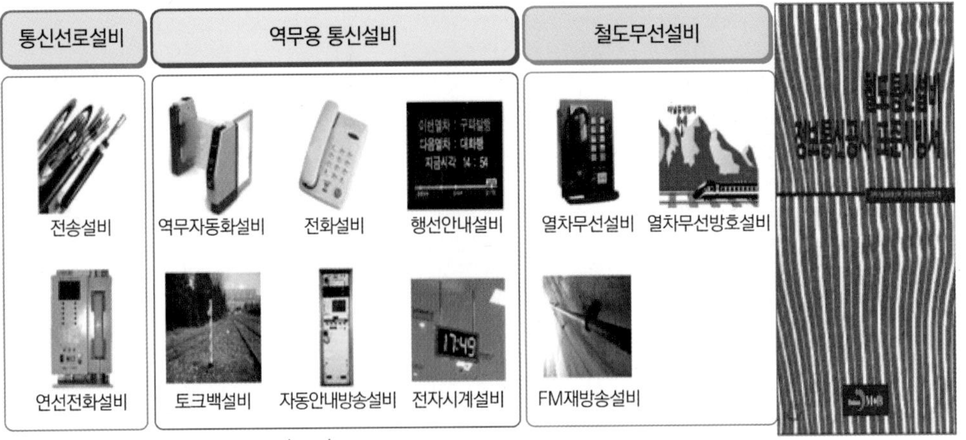

제18조(통신설비의 검사 및 사용)

① 통신설비의 각 부분은 일정한 주기에 따라 검사를 하고 안전운전에 지장이 없도록 정비하여야 한다.

② 신설·이설·개조 또는 수리한 통신설비는 검사하여 기능을 확인하기 전에는 사용할 수 없다.

제4절 운전보안장치

제19조(운전보안장치의 보전)

운전보안장치는 완전한 상태로 보전하여야 한다.

[제4절 운전보안장치]

제19조 운전보안장치

운전보안장치: 완전한 상태로 보전하여야 한다.

운전보안장치:
열차 및 차량(이하 '열차등'이라 한다)의 안전운전을 확보하기 위한 장치: 폐색장치, 신호장치, 연동장치, 선로전환장치, 경보장치, 열차자동정지장치(ATS), 열차자동제어장치(ATS), 열차자동운전장치(ATO), 열차종합제어장치(TTC) [폐신연 선경 열,열,열,열]

* KORAIL 운전보안장치 : 없는 게 없다. 모든 게 다 있다. CTC와 건널목 경보장치까지 포함된다.
* 서울교통공사 운전보안장치: CTC와 건널목 경보장치가 없다.

예제 **도시철도운전규칙에서 설명하는 운전보안장치가 아닌 것은?**

해설 CTC 또는 건널목 경보장치: 도시철도운전규칙에서 '경보장치'는 있으나 건널목 경보장치는 아니다.

예제 **다음 중 운전보안장치 및 통신설비에 관한 설명 중 틀린 것은?**

가. 운전보안장치는 완전한 상태로 보전해야 한다.

나. 개조 또는 수리한 통신설비는 검사하여 기능을 확인하기 전에는 사용할 수 없다.

다. 운전보안장치의 각 부분은 일정한 주기에 따라 검사하여야 한다.

라. 경미하게 개조한 운전보안장치는 검사하여 기능을 확인하기 전에도 사용할 수 있다.

해설 도시철도운전규칙 제19조(운전보안장치의 보전) 운전보안장치는 완전한 상태로 보전하여야 한다. 제20조(운전보안장치의 검사 및 사용) 제2항 신설 · 이설 · 개조 또는 수리한 운전보안장치는 검사하여 기능을 확인하기 전에는 사용할 수 없다.

제20조(운전보안장치의 검사 및 사용)

① 운전보안장치의 각 부분은 일정한 주기에 따라 검사를 하고 안전운전에 지장이 없도록 정비하여야 한다.

예제 **운전보안장치의 각 [ ]은 [ ]에 따라 검사를 하고 [ ]에 지장이 없도록 정비하여야 한다.**

정답 부분, 일정한 주기, 안전운전

② 신설 · 이설 · 개조 또는 수리한 운전보안장치는 검사하여 기능을 확인하기 전에는 사용할 수 없다.

[제20조 운전보안장치의 검사 및 사용]

① 운전보안장치의 각 부분은 일정한 주기에 따라 검사하여 하고 안전운전에 지장이 없도록 정비하여야 한다.
② 신설 · 이설 · 개조 또는 수리한 운전보안장치는 검사하여 기능을 확인하기 전에는 사용할 수 없다.

〈문제〉
아래 4가지 시설이 고장 났을 때
• 선로, 전차선로: 시운전 한 다음 사용한다.
• 운전보안장치와 통신설비: 검사 후 기능 확인한 후 사용한다.

예제 **도시철도운전규칙에서 선로 및 설비와 차량의 보전에 대한 설명 중 맞는 것은?**

가. 선로는 주기적으로 안전점검을 하여 안전운행에 지장이 없도록 유지 · 보수하여야 한다.

나. 전차선로는 일정한 주기에 따라 순회 점검을 하고 안전운행에 지장이 없도록 정비하여야 한다.

다. 신설 · 이설 · 개조 또는 수리한 운전보안장치는 검사하여 기능을 확인하기 전에는 사용할 수 없다.

라. 선로는 열차 등이 도시철도운영자가 정하는 속도(이하 "실제속도"라 한다)로 안전하게 운전할 수 있는 상태로 보전하여야 한다.

해설 도시철도운전규칙 제20조(운전보안장치의 검사 및 사용): ① 운전보안장치의 각 부분은 일정한 주기에 따라 검사를 하고 안전운전에 지장이 없도록 정비하여야 한다.
② 신설 · 이설 · 개조 또는 수리한 운전보안장치는 검사하여 기능을 확인하기 전에는 사용할 수 없다.

제5절 건축한계 안의 물품유치금지

제21조(물품유치 금지)

차량 운전에 지장이 없도록 궤도상에 설정한 건축한계 안에는 열차 등 외의 다른 물건을 둘 수 없다. 다만, 열차 등을 운전하지 아니하는 시간에 작업을 하는 경우에는 그러하지 아니하다.

예제 **차량 운전에 [ ] [ ]에 설정한 [ ] 안에는 열차 등 외의 [ ]을 둘 수 없다.**

정답 지장이 없도록, 궤도상, 건축한계, 다른 물건

제22조(선로 등 검사에 관한 기록보존)

선로 · 전력설비 · 통신설비 또는 운전보안장치의 검사를 하였을 때에는 검사자의 성명 · 검사상태 및 검사일시 등을 기록하여 일정 기간 보존하여야 한다.

예제 [선로 · 전력설비 · 통신설비 또는 운전보안장치]의 검사를 하였을 때에는 검사자의 [ ] · [ ] 및 [ ] 등을 기록하여 일정 기간 보존하여야 한다.

정답 성명, 검사상태, 검사일시

[제5절 건축한계 안의 물품유치금지]

제21조 물품유치 금지
차량 운전에 지장이 없도록 궤도상에 설정한 건축한계 안에는 열차 등 외의 다른 물건을 들 수 없다. 다만, 열차 등을 운전하지 아니하는 시간에 작업(새벽에 시멘트 등 건축자재를 적치해 놓고 일할 수 있다)을 하는 경우에는 그러하지 아니하다

* 건축한계: 철도차량이 선로 위를 안전하게 주행하기 위해서는 선로 내측으로 구조물이 침범하여 축조하지 못하도록 설정한 공간의 한계선이다.

제22조 선로 등 검사에 관한 기록보존
선로(매일 검사) · 전력설비 · 통신설비 또는 운전보안장치의 검사를 하였을 때에는 검사자의 성명 · 검사상태 및 검사일시 등을 기록하여 일정 기간 보존하여야 한다. (검사방법(X))

예제 다음 중 선로 · 전력설비 · 통신설비 또는 운전보안장치의 검사에 관한 기록보존을 해야 할 내용(대상)이 아닌 것은?

가. 검사자의 성명
나. 검사상태
다. 검사방법
라. 검사일시

해설 검사방법은 기록보존을 해야 할 내용이 아니다.

예제 다음 중 보기의 빈칸에 들어갈 말로 알맞은 것은?

'차량 운전에 지장이 없도록 궤도상에 설정한 ( ) 안에는 열차 등 외의 다른 물건을 둘 수 없다, 다만 열차 등을 운전하지 아니하는 시간에 작업을 하는 경우에는 그러하지 아니하다.'

가. 건축한계
나. 차량한계
다. 궤도한계
라. 보수한계

해설 도시철도운전규칙 제21조(물품유치 금지) 차량 운전에 지장이 없도록 궤도상에 설정한 건축한계 안에는 열차등 외의 다른 물건을 둘 수 없다. 다만, 열차등을 운전하지 아니하는 시간에 작업을 하는 경우에는 그러하지 아니하다.

〈학습코너〉

- 차량한계 : 차량이 안전하게 주행하기 위해서 선로근방의 건물이나 터널 등의 시설에 관련하여 침범해서는 안 되는 한계
- 건축한계 : 차량이 안전하게 운행될 수 있도록 궤도상에 설정한 공간

건축한계

(structure gauge, track clearance construction gauge) 차량이 선로를 안전하게 통행할 수 있도록 궤도상에 일정한 공간을 유지(터널 안에 판토그래트 등 설치가 가능해야 높이를 45cm 더 높게 설정)

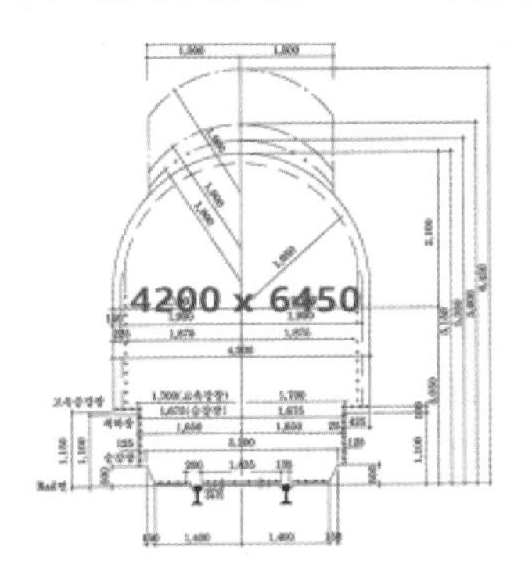

차량한계

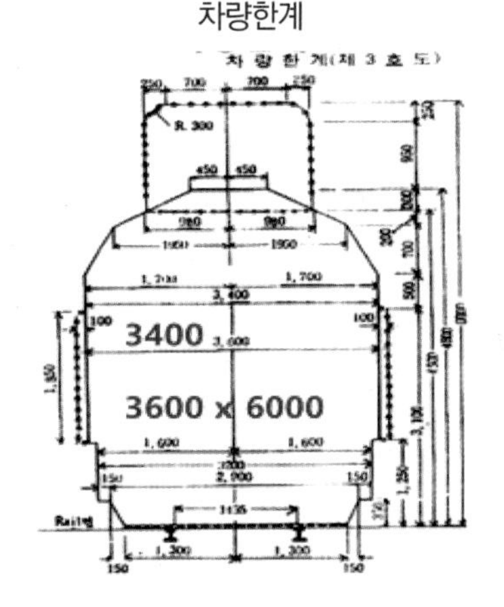

터널 없는 구간에 한해서는 특대 화물을 실어 운송할 수도 있다.

[제45조 철도보호지구에서의 행위제한 등]

① 철도경계선(가장 바깥쪽 궤도의 끝선을 말한다)으로부터 30미터 이내의 지역(이하 "철도보호지구"라 한다)에서 다음 각 호의 어느 하나에 해당하는 행위를 하려는 자는 대통령령으로 정하는 바에 따라 국토교통부장관 또는 시 · 도지사에게 신고하여야 한다.

1. 토지의 형질변경 및 굴착
2. 토석, 자갈 및 모래의 채취
3. 건축물의 신축 · 개축(改築) · 증축 또는 인공구조물의 설치
4. 나무의 식재(대통령령으로 정하는 경우만 해당한다)
5. 그 밖에 철도시설을 파손하거나 철도차량의 안전운행을 방해할 우려가 있는 행위로서 대통령령으로 정하는 행위(2년 이하의 징역, 2천만원 이하의 벌금)

② 국토교통부장관 또는 시 · 도지사는 철도차량의 안전운행 및 철도 보호를 위하여 필요하다고 인정할 때에는 제1항 각 호의 어느 하나의 행위를 하는 자에게 그 행위의 금지 또는 제한을 명령하거나 대통령령으로 정하는 필요한 조치를 하도록 명령할 수 있다. (2년, 2천만원 이하)

[제48조 철도보호 및 질서유지를 위한 금지행위]

3. 궤도의 중심으로부터 양쪽으로 폭 3미터 이내의 장소에 철도차량 안전 운행에 지장을 주는 물건을 방치하는 행위(3년, 3천만원 이하 벌금)

철도경계선

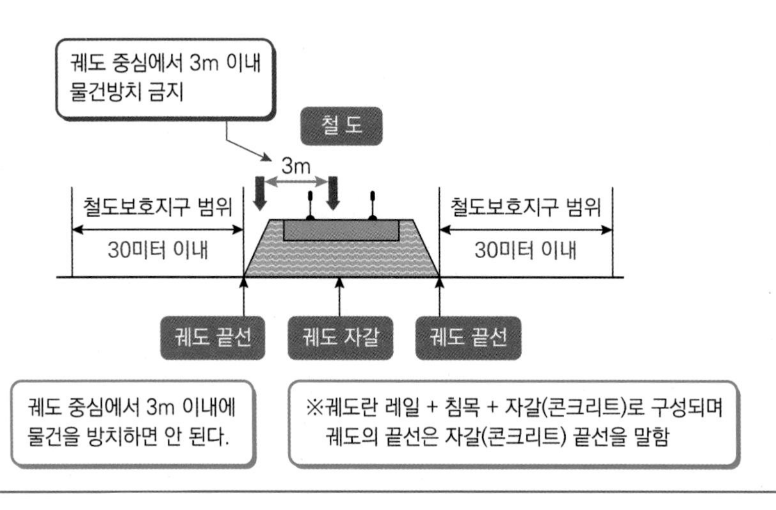

예제 **도시철도운전규칙에서 선로, 전력설비, 통신설비 또는 운전보안장치를 검사하였을 때 기록하여 일정기간 보관해야 할 사항으로 맞는 것을 모두 고르시오.**

㉠ 검사자의 성명 ㉡ 검사 상태 ㉢ 검사장소 ㉣ 검사 일시 ㉤ 검사 내용

가. ㉠, ㉡
나. ㉠, ㉡, ㉢
다. ㉠, ㉡, ㉣
라. ㉠, ㉡, ㉢, ㉣, ㉤

해설 도시철도운전규칙 제22조(선로 등 검사에 관한 기록보존): 선로 · 전력설비 · 통신설비 또는 운전보안장치의 검사를 하였을 때에는 검사자의 성명 · 검사상태 및 검사일시 등을 기록하여 일정 기간 보존하여야 한다.

제3장

열차 등의 보전

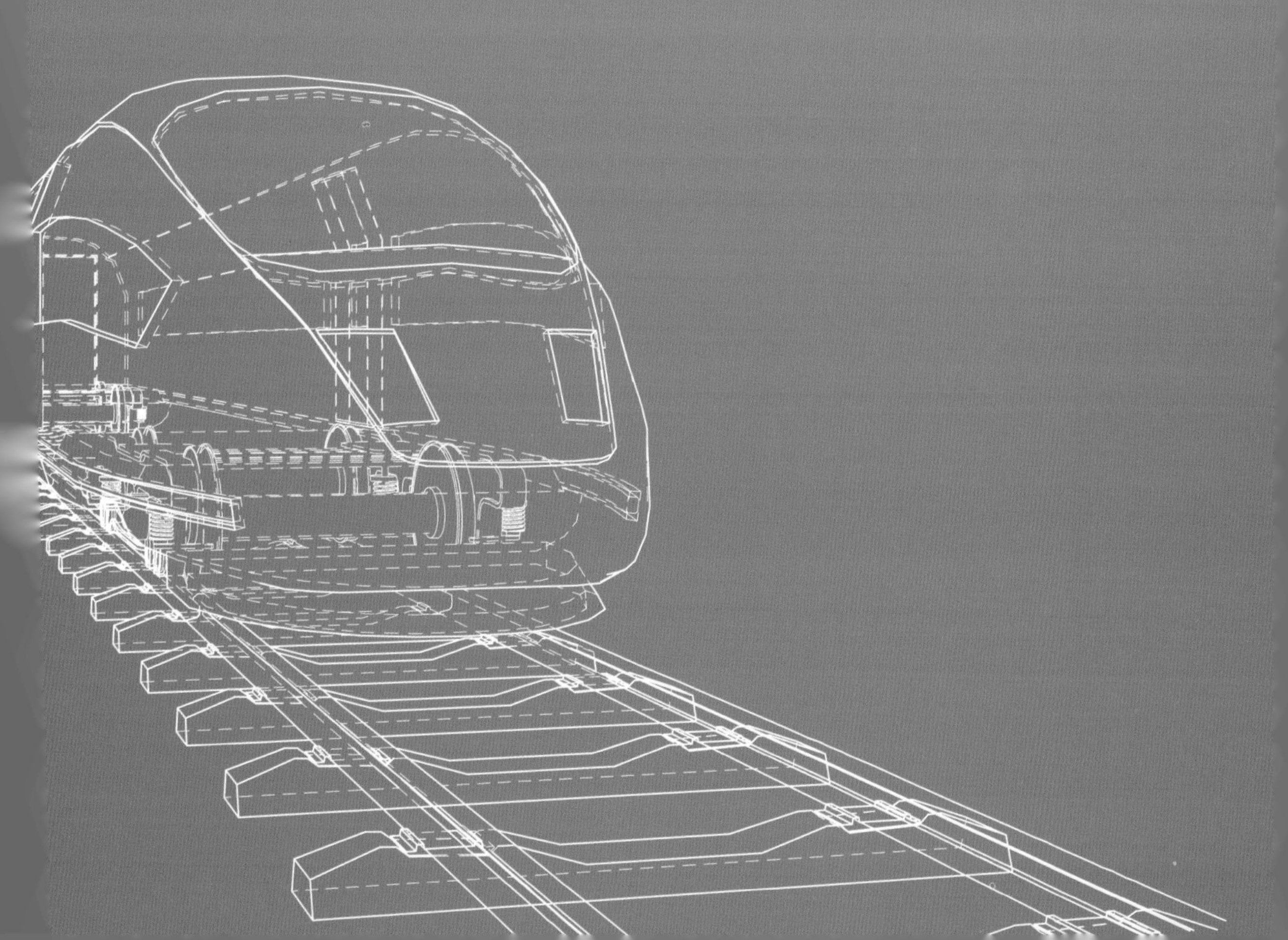

열차 등의 보전

제23조(열차 등의 보전)

열차 등은 안전하게 운전할 수 있는 상태로 보전하여야 한다.

예제 **열차 등은 [ ]하게 [ ]할 수 있는 상태로 [ ]하여야 한다.**

정답 안전, 운전, 보전

[제23조 열차 등의 보전]

열차등은 안전하게 운전할 수 있는 상태로 보전하여야 한다.

[제24조 차량의 검사 및 시험운전]

① 제작 · 개조 · 수선 또는 분해검사를 한 차량과 일시적으로 사용을 중지한 차량은 검사하고 시험운전을 하기 전에는 사용할 수 없다. 다만, 경미한 정도의 개조 또는 수선을 한 경우에는 예외
② 차량은 일정한 기간 또는 주행거리를 기준으로 하여 그 상태와 작용(문이 잘 열리는지)에 대한 검사와 분해검사를 하여야 한다.
③ 검사를 할 때 차량의 전기장치에 대해서는 절연저항시험(직류인가 시 버티는 정도) 및 절연내력시험을 하여야 한다. (시험문제출제)

* 분해검사: 몇 가지 부품으로 된 기계를 따로따로 나누어서 어떤 기준에 적합여부와 이상 유무를 조사
* 절연저항시험: 직류전압을 인가했을 때 발생되는 전류에 대하여 그 절연율에 의해서 주어지는 저항 값을 시험하는 것으로 절연저항은 일반적으로 대단히 크기 때문에 높은 저항을 지시할 수 있도록 장치한 시험기, 가해지는 전압에 따라 그 값을 달리 하기 때문에 지정된 고압직류를 사용
* 절연내력시험: 절연율이 어느 정도의 전압에 견딜 수 있는지를 확인하는 시험

제24조(차량의 검사 및 시험운전)

① 제작·개조·수선 또는 분해검사를 한 차량과 일시적으로 사용을 중지한 차량은 검사하고 시험운전을 하기 전에는 사용할 수 없다. 다만, 경미한 정도의 개조 또는 수선을 한 경우에는 그러하지 아니하다.

예제 **제작·개조·수선 또는 [ ]를 한 차량과 일시적으로 [ ] 차량은 검사하고 [ ]을 하기 전에는 사용할 수 없다. 다만, [ ] 또는 수선을 한 경우에는 그러하지 아니하다.**

정답 분해검사, 사용을 중지한, 시험운전, 경미한 정도의 개조

② 차량의 각 부분은 일정한 기간 또는 주행거리를 기준으로 하여 그 상태와 작용에 대한 검사와 분해검사를 하여야 한다.

예제 **차량의 각 부분은 일정한 기간 또는 [ ]를 기준으로 하여 그 [ ]와 [ ]에 대한 검사와 [ ]를 하여야 한다.**

정답 주행거리, 상태, 작용, 분해검사

예제 **다음 중 차량의 검사 및 시험운전에 관한 내용으로 틀린 것은?**

가. 차량의 각 부분은 일정한 기간 또는 주행거리를 기준으로 하여 그 상태와 작용에 대해 검사와 분해검사를 해야 한다.

나. 개조 또는 분해검사를 한 차량과 일시적으로 사용을 중지한 차량은 검사하고 시험운전을 하기 전에는 사용할 수 없다.

다. 다만, 경미한 정도의 개조 또는 수선을 할 경우에는 검사와 주행운전을 생략할 수 있다.

라. 열차로 편성한 차량의 각 부분은 검사하여 안전운전에 지장이 없도록 하여야 한다.

해설 도시철도운전규칙 제24조(차량의 검사 및 시험운전) 제1항: 제제작 · 개조 · 수선 또는 분해검사를 한 차량과 일시적으로 사용을 중지한 차량은 검사하고 시험운전을 하기 전에는 사용할 수 없다. 다만, 경미한 정도의 개조 또는 수선을 한 경우에는 그러하지 아니하다.

예제 **다음 중 차량의 검사 및 시험운전에 관한 사항으로 틀린 것은?**

가. 차량의 외형과 성능에 대해서는 외관검사와 분해검사를 한다.

나. 차량의 각 부분은 일정한 기간 또는 주행거리를 기준으로 하여 그 상태와 작용에 대한 검사와 분해검사를 하여야 한다.

다. 제작 · 개조 · 수선 또는 분해검사를 한 차량 검사하고 시험운전을 하기 전에는 사용할 수 없다.

라. 차량의 전기장치에 대해서는 절연저항시험 및 절연내력시험을 하여야 한다.

해설 '차량의 외형과 성능에 대해서는 외관검사와 분해검사를 한다'는 차량의 검사와 시험운전사항에 해당되지 않는다.

예제 **도시철도운전규칙에서 차량검사에 대한 설명으로 틀린 것은?**

가. 제작, 개조, 수선한 차량은 반드시 시험운전을 하여야 한다.

나. 차량은 일정한 기간마다 그 상태와 작용에 대한 수선 후 시험운전을 해야 한다.

다. 차량의 전기장치에 대해서는 절연 저항시험 및 절연 내력시험을 해야 한다.

라. 차량의 검사 또는 시험을 하였을 때는 검사종류, 검사자의 성명, 검사 상태 및 검사일 등을 기록 후 일정기간 보존해야 한다.

해설 도시철도운전규칙 제24조(차량의 검사 및 시험운전): 차량의 각 부분은 일정한 기간 또는 주행거리를 기준으로 하여 그 상태와 작용에 대한 검사와 분해검사를 하여야 한다.

③ 제1항 및 제2항에 따른 검사를 할 때 차량의 전기장치에 대해서는 절연저항시험 및 절연내력시험을 하여야 한다.

예제 **차량의 각 부분을 검사를 할 때 차량의 [ ]에 대해서는 [ ] 및 [ ]을 하여야 한다.**

정답 전기장치, 절연저항시험, 절연내력시험

예제 **다음 중 차량검사 시에 전기장치에 대한 검사 또는 시험방법으로 맞는 것은?**

1. 절연저항시험
2. 절연내력시험
3. 분해검사시험
4. 작용시험

가 1,2
나. 2,3
다. 3,4
라. 4,5

해설 차량검사 시에 전기장치에 대한 검사 또는 시험방법에는 절연저항시험과 절연내력시험이 있다.

제25조(편성차량의 검사)

열차로 편성한 차량의 각 부분은 검사하여 안전운전에 지장이 없도록 하여야 한다.

제26조 삭제

제27조(검사 및 시험의 기록)

제24조 및 제25조에 따라 검사 또는 시험을 하였을 때에는 검사종류, 검사자의 성명, 검사 상태 및 검사일 등을 기록하여 일정 기간 보존하여야 한다.

예제 차량을 검사 또는 시험을 하였을 때에는 [   ], [   ], [   ] 및 [   ] 등을 기록하여 일정 기간 보존하여야 한다.

정답 검사종류, 검사자의 성명, 검사 상태, 검사일

[차량검사 또는 시험 시 기록사항]

1. 검사종류
2. 검사자의 성명
3. 검사 상태
4. 검사 일

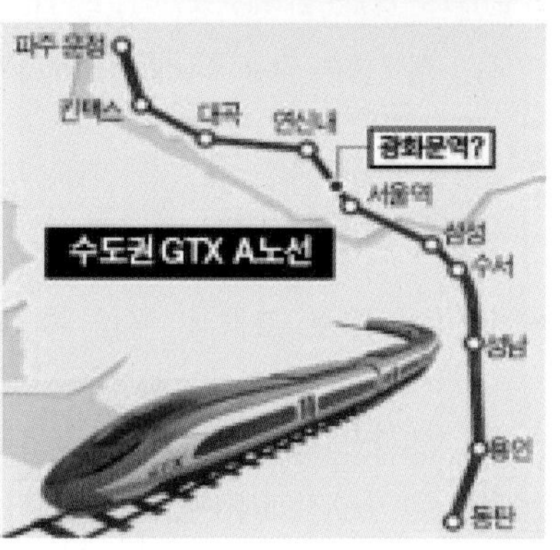

[제25조 편성차량의 검사]

열차로 편성한 차량의 각 부분은 검사하여 안전운전에 지장이 없도록 하여야 한다(도시철도이므로 여객 6량, 8량, 10량 등으로 고정편성).

* 편성: 이미 만들어 놓은 것
* 고정되어 있으므로 완급차 등도 없다

제일 앞 차를 제어차, 중간: 동력차(모터가 있으므로 절연저항, 절연내력시험을 한다.

[제26조]

삭제

[제27조 검사 및 시험의 기록]

검사 또는 시험을 하였을 때에는 검사종류, 검사자의 성명, 검사 상태 및 검사일 등을 기록하여 일정 기간 보존하여야 한다.

* 차를 검사하므로 종류가 추가 포함되었음
* 검사방법은 없음

예제 **다음 중 철도차량의 검사 및 시험을 하였을 때에 기록하여 일정기간 보관할 사항으로 맞는 것은?**

가. 검사인원, 검사종류, 검사일, 검사상태

나. 검사자 성명, 검사상태, 검사일, 검사자 소속

다. 검사종류, 검사자 성명, 검사상태, 검사일

라. 검사목록, 검사상태, 검사자 성명, 검사일

해설 도시철도운전규칙 제27조(검사 및 시험의 기록) 제24조 및 제25조에 따라 검사 또는 시험을 하였을 때에는 검사 종류, 검사자의 성명, 검사 상태 및 검사일 등을 기록하여 일정 기간 보존하여야 한다.

예제 **도시철도운전규칙에서 차량검사에 대한 설명으로 틀린 것은?**

가. 제작, 개조, 수선한 차량은 반드시 시험운전을 하여야 한다.

나. 차량의 각 부분은 일정한 기간 또는 주행거리를 기준으로 하여 그 상태와 작용에 대한 검사와 분해검사를 하여야 한다.

다. 차량의 전기장치에 대해서는 절연 저항시험 및 절연 내력시험을 해야 한다.

라. 차량의 검사 또는 시험을 하였을 때는 검사 방법, 검사자의 성명, 검사 상태 및 검사일 등을 기록 후 일정기간 보존해야 한다.

해설 도시철도운전규칙 제27조(검사 및 시험의 기록) 제24조 및 제25조에 따라 검사 또는 시험을 하였을 때에는 검사 종류, 검사자의 성명, 검사 상태 및 검사일 등을 기록하여 일정 기간 보존하여야 한다.

제4장

운전

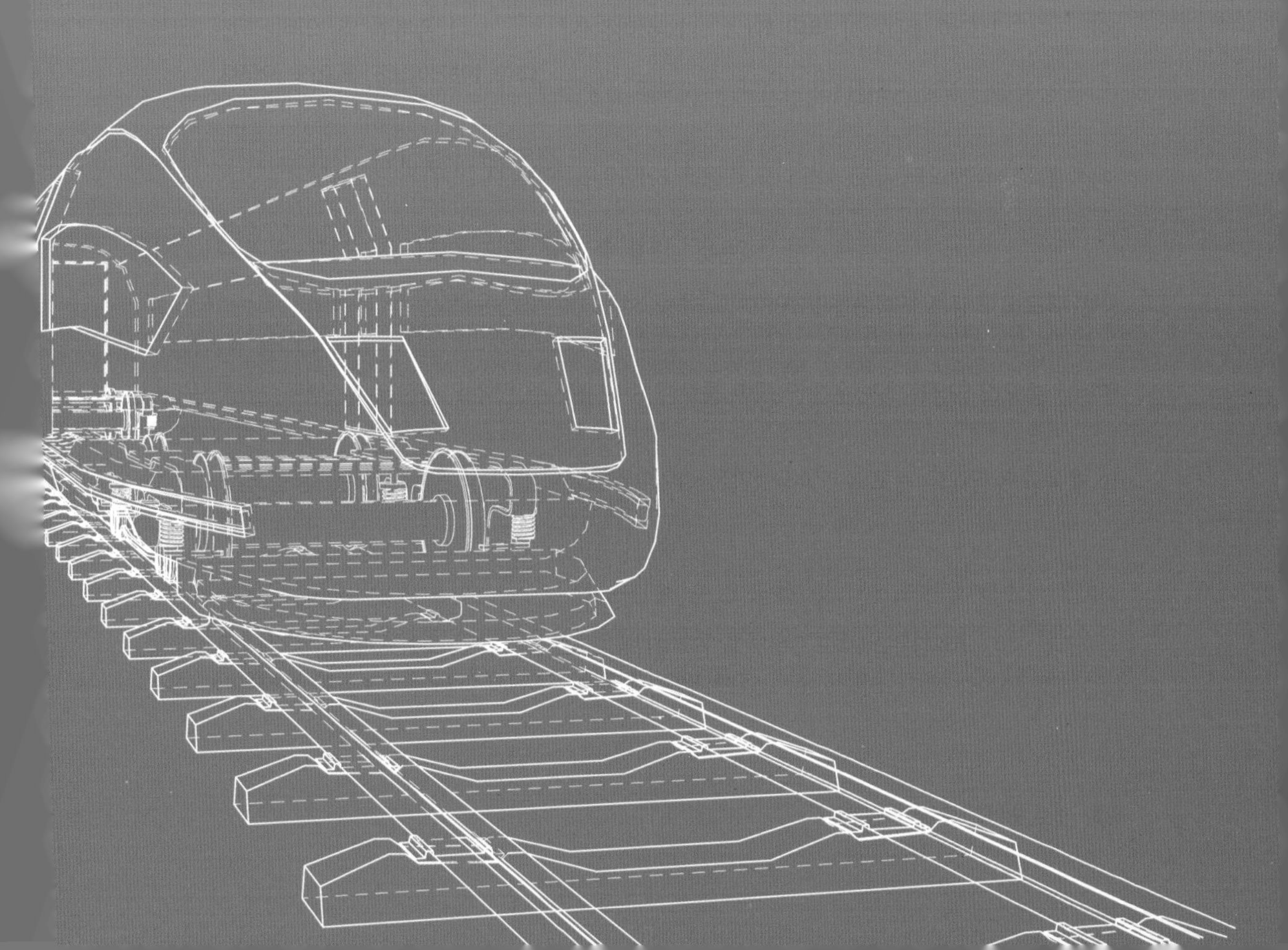

운전

제1절 열차의 편성

제28조(열차의 편성)

열차는 차량의 특성 및 선로 구간의 시설 상태 등을 고려하여 안전운전에 지장이 없도록 편성하여야 한다.

예제 **열차는 차량의 [　　] 및 선로 구간의 [　　　　] 등을 고려하여 [　　　　]에 지장이 없도록 편성하여야 한다.**

정답 특성, 시설 상태, 안전운전

[제4장 운전]

제1절 열차의 편성

제28조 열차의 편성

열차는 차량의 특성 및 선로 구간의 시설 상태 등을 고려하여 안전운전에 지장이 없도록 편성하여야 한다.

* 차량의 특성: 교류, 직류구간운전
* 열차 수: 서울교통공사 10량 열차에는 동력차가 5량이 있다. KORAIL 10량 열차에는 3량의 동력차가 있다.
* 승강장 길이: 5,6,7,8 노선에는 8량만 다니는데 승강장 길이가 160m 밖에 되지 않는다. 여기에 10량 열차를 운행시킬 수는 없다. 특히 성수-신답 지선에는 4량 열차가 다니고 있다.

제29조(열차의 비상제동거리)

열차의 비상제동거리는 600미터 이하로 하여야 한다.(철도와 도시철도운전규칙 모두 동일하다. 도시철도에서는 250m 이내에 충분히 제동가능하다).

[열차]

4호선

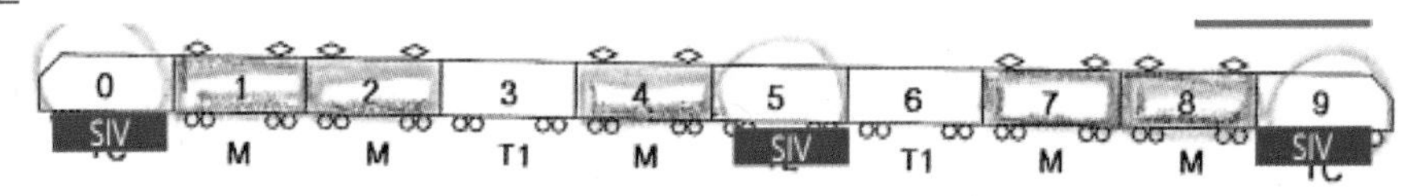

• 10량 편성은 5M 5T로 구성됨
• Pantograph, MCB, MT, C/I, TM : 1호차, 2호차, 4호차, 7호차, 8호차
• SIV, CM, Battery : 0호차, 5호차, 9호차

과천선

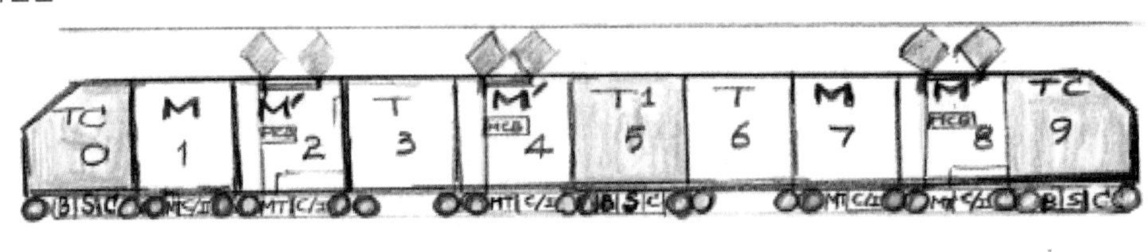

o 10량 편성: 5M5T
o Pan, MCB, MT, C/I, TM: 2호차, 4호차, 8호차
o MT, C/I, TM: 1호차, 7호차
o SIV, CM, Battery: 0호차, 5호차, 9호차

[승강장]

서울지하철 1~4호선 승강장 - 코리아모닝포스트 위키백과

예제 **다음 중 열차의 편성 및 운전에 관한 설명으로 틀린 것은?**

가. 열차는 차량의 견인력 및 선로 구간의 시설 상태 등을 고려하여 안전운전에 지장이 없도록 편성하여야 한다.

나. 차량은 열차와 함께 편성되기 전에는 정거장 외의 본선을 운전할 수 없다.

다. 열차에 편성되는 각 차량에는 제동력이 균일하게 작용하고 분리 시에 자동으로 정차할 수 있는 제동장치를 구비하여야 한다.

라. 열차를 편성하거나 편성을 변경할 때에는 운전하기 전 제동장치의 기능을 시험하여야 한다.

해설 도시철도운전규칙 제28조(열차의 편성): 열차는 차량의 **특성** 및 선로 구간의 시설 상태 등을 고려하여 안전운전에 지장이 없도록 편성하여야 한다.

제29조(열차의 비상제동거리)

열차의 비상제동거리는 600미터 이하로 하여야 한다.

예제 **열차의 비상제동거리는 [ ] 이하로 하여야 한다.**

정답 600미터

예제 다음 중 열차의 비상제동거리는 몇 미터 이하로 하여야 하는가?

가. 200m　　나. 400m
다. 600m　　라. 800m

해설 도시철도운전규칙 제29조(열차의 비상제동거리) 열차의 비상제동거리는 600미터 이하로 하여야 한다.

제30조(열차의 제동장치)

열차에 편성되는 각 차량에는 제동력이 균일하게 작용하고 분리 시에 자동으로 정차할 수 있는 제동장치를 구비하여야 한다.

예제 열차에 편성되는 각 차량에는 제동력이 [ ]하게 [ ]하고 [ ]에 [ ]으로 [ ]할 수 있는 제동장치를 구비하여야 한다.

정답 균일, 작용, 분리 시, 자동, 정차

[답면제동(M차(구동차)에만 있다)]

- 답면에다 제륜자를 압착하는 방식
- 마찰력에 의해서 제동을 취하는 방식

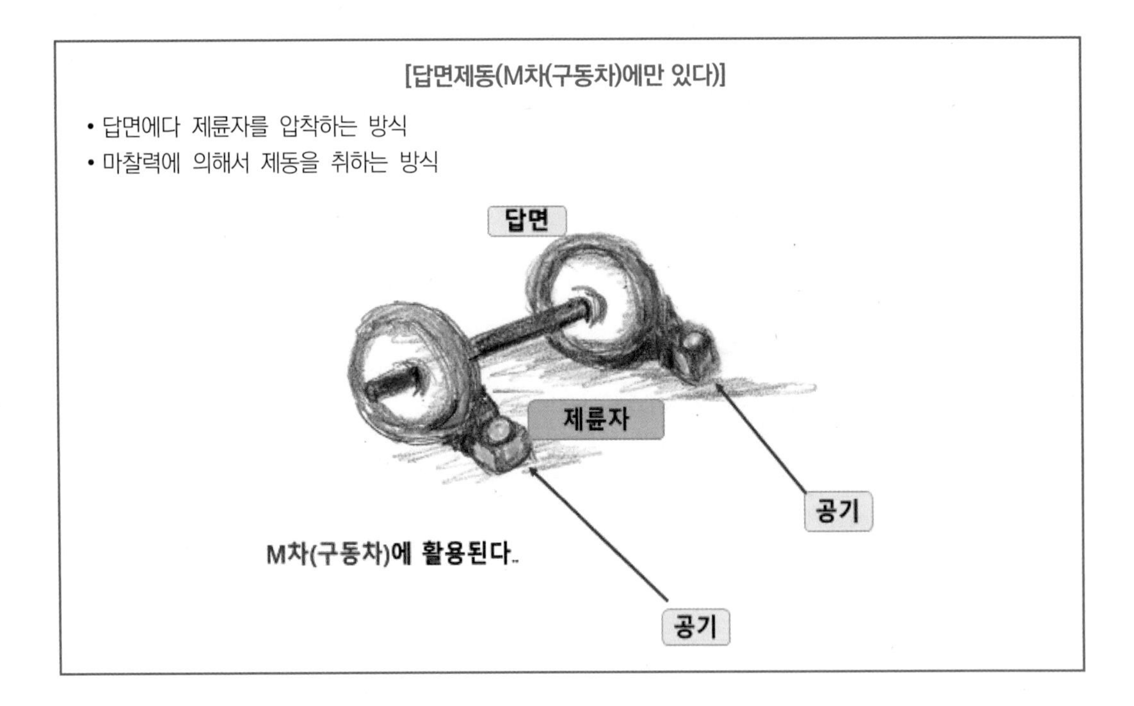

[디스크 제동]

- 기계식 제동장치의 일종으로 차축에 원판(디스크)를 취부하여(원판을 잡아줌으로써 차축을 멈추게 하는 방식)
- 마찰편(디스크 라이닝)이 압착하여 제동을 시행하며 전동차에서는 동력차가 아닌 부수차(TC차, T차)에 주로 사용하고 있다.

[제30조 열차의 제동장치]

열차에 편성되는 각 차량에는 제동력이 균일하게 작용하고 분리 시에 자동으로 정차할 수 있는 제동장치를 구비하여야 한다.

* 전기선이 제동장치에 연결되어 있는데 전기가 안통하면 자동으로 제동이 된다.
* 제동장치: 제동통 로드에서 나오는 힘으로 지렛대의 원리를 이용하여 제동력을 증대시키는 시스템으로 구성 요소에는 제동통, 피스톤로드, 디스크, 디스크 패드, 리턴 스프링, 제륜자, 제륜자헤드 등으로 구성
* 제동력: 열차 또는 차량에 대하여 제동효과를 나타내는 힘.
* 제동배율: 제동압력/제동원력 = 제륜자총압력/피스톤총압력 = 피스톤행정거리/제륜자이동거리
* 제동률: 제륜자압력/축중량 × 100(%)

예제 **다음 중 열차의 편성에 관한 설명으로 틀린 것은?**

가. 열차는 차량의 특성 및 선로 구간의 시설 상태 등을 고려하여 안전운전에 지장이 없도록 편성하여야 한다.

나. 열차에 편성되는 각 차량에는 제동력이 균일하게 작용하고 분리 시에 자동으로 감속할 수 있는 제동장치를 구비하여야 한다.

다. 열차를 편성하거나 편성을 변경할 때에는 운전하기 전에 제동장치의 기능을 시험하여야 한다.

라. 열차의 비상제동거리는 600미터이하로 하여야 한다.

해설 도시철도운전규칙 제30조(열차의 제동장치) 열차에 편성되는 각 차량에는 제동력이 균일하게 작용하고 분리 시에 자동으로 정차할 수 있는 제동장치를 구비하여야 한다.

제31조(열차의 제동장치시험)

열차를 편성하거나 편성을 변경할 때에는 운전하기 전에 제동장치의 기능을 시험하여야 한다.

예제 **열차를 [ ]하거나 [ ]을 변경할 때에는 [ ] [ ]의 [ ]을 시험하여야 한다.**

정답 편성, 편성, 운전하기 전에, 제동장치, 기능

[제31조 열차의 제동장치시험]
열차를 편성하거나 편성을 변경할 때에는 운전하기 전에 제동장치의 기능을 시험하여야 한다. * 시속 45km/h에서 제동시험을 한다. 그런데 여기서는 운전하기 전에 제동장치 자체를 시험한다.

[제동압력, 제동원력, 답면제동]

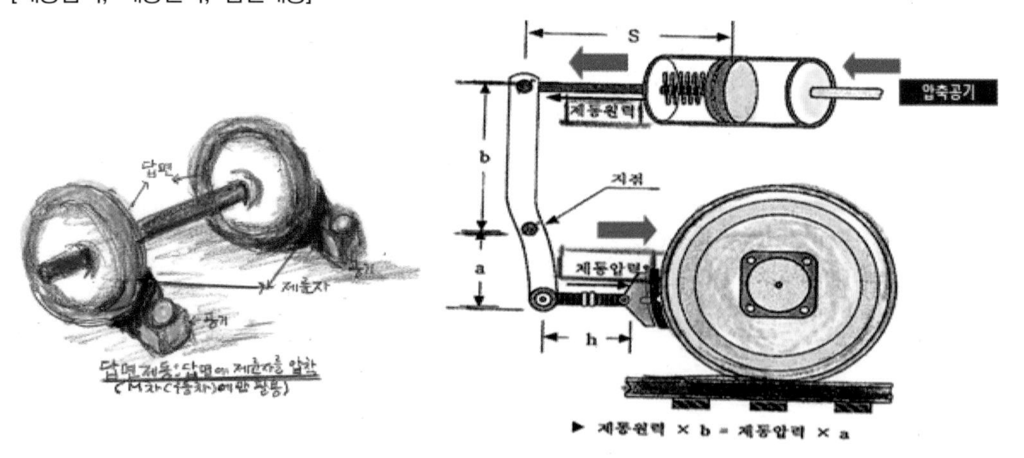

예제 **도시철도운전규칙상 열차의 제동장치 기능을 시험하여야 하는 시기로 맞는 것은?**

가. 열차를 편성하거나 편성을 변경할 때 운전하기 전

나. 정지신호를 받았을 때

다. 비상제동으로 정지하였을 때

라. 상구배 정거장에 진입하기 전에

해설 도시철도운전규칙 제31조(열차의 제동장치시험): 열차를 편성하거나 편성을 변경할 때에는 운전하기 전에 제동장치의 기능을 시험하여야 한다.

예제 **도시철도운전규칙에서 열차의 편성에 관한 설명 중 거리가 먼 것은?**

가. 열차를 편성 또는 변경할 때는 운전하기 전에 제동장치의 감도를 시험해야 한다.

나. 열차의 비상제동 거리는 600미터 이하로 하여야 한다.

다. 열차에 편성되는 각 차량에는 제동력이 균일하게 작용하고 분리 시 자동으로 정차하는 제동장치를 구비하여야 한다.

라. 열차는 차량의 특성 및 선로 구간의 시설 상태 등을 고려하여 안전운전에 지장 없도록 편성한다.

해설 도시철도운전규칙 제31조(열차의 제동장치시험) 열차를 편성하거나 편성을 변경할 때에는 운전하기 전에 제동장치의 기능을 시험하여야 한다.

예제 **도시철도운전규칙 설명 중 거리가 먼 것은?**

가. 열차의 비상제동 거리는 600미터 이하로 하여야 한다.

나. 열차를 편성 또는 변경할 때는 운전하기 전 제동장치의 기능을 시험해야 한다.

다. 열차에 편성되는 각 차량에는 제동력이 균일하게 작용하고 분리 시 자동으로 정차하는 제동장치를 구비하여야 한다.

라. 열차는 차량의 특성 및 선로 구간의 통신 및 신호시설 상태 등을 고려하여 안전운전에 지장 없도록 편성한다.

해설 도시철도운전규칙 제31조(열차의 제동장치 시험): 열차는 차량의 특성 및 선로 구간의 시설 상태 등을 고려하여 안전운전에 지장 없도록 편성한다.

제2절 열차의 운전

제32조(열차 등의 운전)

① 열차 등의 운전은 열차 등의 종류에 따라 「철도안전법」 제10조제1항에 따른 운전면허를 소지한 사람이 하여야 한다. 다만, 제32조의 2에 따른 무인운전의 경우에는 그러하지 아니하다.

예제 **열차 등의 운전은 [ ]에 따라 [ ] 제10조 제1항에 따른 [ ]를 소지한 사람이 하여야 한다. 다만, 제32조의 2에 따른 [ ]의 경우에는 그러하지 아니하다.**

정답 열차 등의 종류, 철도안전법, 운전면허, 무인운전

☞ 「철도안전법」 제10조(철도차량 운전면허)

① 철도차량을 운전하려는 사람은 국토교통부장관으로부터 철도차량 운전면허(이하 "운전면허"라 한다)를 받아야 한다. 다만, 제16조에 따른 교육훈련 또는 제17조에 따른 운전면허시험을 위하여 철도차량을 운전하는 경우 등 대통령령으로 정하는 경우에는 그러하지 아니하다.

② 차량은 열차에 함께 편성되기 전에는 정거장 외의 본선을 운전할 수 없다. 다만, 차량을 결합 · 해체하거나 차선을 바꾸는 경우 또는 그 밖에 특별한 사유가 있는 경우에는 그러하지 아니하다.

예제 **차량은 열차에 함께 편성되기 전에는 [ ] 외의 [ ]을 운전할 수 없다. 다만, 차량을 [ ]·[ ]하거나 [ ]을 바꾸는 경우 또는 그 밖에 특별한 사유가 있는 경우에는 그러하지 아니하다.**

정답 정거장, 본선, 결합, 해체, 차선

[제2절 열차의 운전]

제32조(열차 등의 운전)

① 열차 등의 운전은 열차 등의 종류에 따라 「철도안전법」 제10조 제1항에 따른 운전면허를 소지한 사람이 하여야 한다(기존에 차량기지 안에서는 면허증이 없는 검수원이 조금씩 열차를 이동하다 사고 발생). 다만, 제32조의 2에 따른 무인운전(면허증 없어도 승차되긴 하지만 현실적으로 우리나라 도시철도에서는 면허증 소지자가 승차(김포경전철, 의정부경전철))의 경우에는 그러하지 아니하다.

② 차량은 열차에 함께 편성되기 전에는 정거장 외의 본선을 운전할 수 없다. 다만, 차량을 결합 · 해체(20칸을 붙였다가, 정거장에서 10량을 분리시킨다)하거나 차선을 바꾸는 경우(본선으로 갈 수 있다) 또는 그 밖에 특별한 사유가 있는 경우에는 그러하지 아니하다.

철도안전법 제10조 철도차량 운전면허

① 철도차량을 운전하려는 사람은 국토교통부장관으로부터 철도차량 운전면허(이하 "운전면허"라 한다)를 받아야 한다.

* 무인운전: 사람이 없이 자동으로 원격조정 장치로 하는 운전
* 결합해체: 여러 부분을 모아 만든 것을 작은 부분으로 나눈 것. 즉, 조성된 열차를 따로따로 떼어 놓음

예제 **다음 중 도시철도운전규칙에 관한 설명 중 맞는 것은?**

가. 정거장 안의 본선은 폐색구간으로 분할하여야 한다.

나. 상용폐색방식과 대용폐색방식에 따를 수 없을 때에는 전령법에 따르거나 격시법을 한다.

다. 차량은 도시철도운영자가 정하는 열차시간표에 따라 운전하여야 한다.

라. 차량은 열차에 함께 편성되기 전에는 정거장 외의 본선을 운전할 수 없다.

해설 도시철도운전규칙 제32조(열차 등의 운전): 차량은 열차에 함께 편성되기 전에는 정거장 외의 본선을 운전할 수 없다.

제32조의2(무인운전 시의 안전 확보 등)

도시철도운영자가 열차를 무인운전으로 운행하려는 경우에는 다음 각 호의 사항을 준수하여야 한다.

[무인운전 시 안전확보를 위한 준수사항]

1. 관제실에서 열차의 운행상태를 실시간으로 감시 및 조치할 수 있을 것
2. 열차 내의 간이운전대에는 승객이 임의로 다룰 수 없도록 잠금장치가 설치되어 있을 것

예제 열차 내의 [ ]에는 승객이 임의로 다룰 수 없도록[ ]가 설치되어 있을 것

정답 간이운전대, 잠금장치

3. 간이운전대의 개방이나 운전 모드(mode)의 변경은 관제실의 사전 승인을 받을 것

예제 간이운전대의 [ ]이나 운전 [ ]은 관제실의 사전 승인을 받을 것

정답 개방, 모드(mode)의 변경

[무인운전차량 간이운전대]

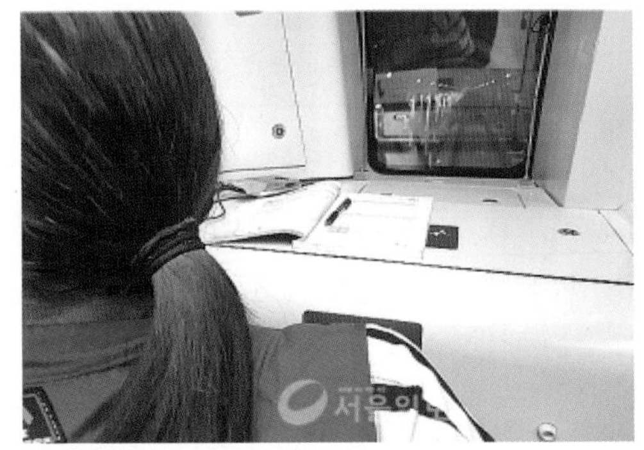

중도일보 - 인천지하철 2호선 무인운전대

4. 운전 모드를 변경하여 수동운전을 하려는 경우에는 관제실과의 통신에 이상이 없음을 먼저 확인할 것

예제 운전 모드를 변경하여 [ ]을 하려는 경우에는 [ ]과의 통신에 이상이 없음을 먼저 확인할 것

정답 수동운전, 관제실

5. 승차·하차 시 승객의 안전 감시나 시스템 고장 등 긴급상황에 대한 신속한 대처를 위하여 필요한 경우에는 열차와 정거장 등에 안전요원을 배치하거나 안전요원이 순회하도록 할 것
6. 무인운전이 적용되는 구간과 무인운전이 적용되지 아니하는 구간의 경계 구역에서의 운전모드 전환을 안전하게 하기 위한 규정을 마련해 놓을 것
7. 열차 운행 중 다음 각 목의 긴급상황이 발생하는 경우 승객의 안전을 확보하기 위한 조치규정을 마련해 놓을 것
   가. 열차에 고장이나 화재가 발생하는 경우
   나. 선로 안에서 사람이나 장애물이 발견된 경우
   다. 그 밖에 승객의 안전에 위험한 상황이 발생하는 경우

[제32조의2 무인운전 시의 안전 확보]

도시철도운영자가 열차를 무인운전으로 운행하려는 경우에는 준수할 사항
1. 관제실에서 열차의 운행상태를 실시간으로 감시 및 조치할 수 있을 것
2. 열차 내의 간이운전대에는 승객이 임의로 다룰 수 없도록 잠금장치가 설치되어 있을 것
3. 간이운전대의 개방이나 운전 모드(mode)의 변경은 관제실의 사전 승인을 받을 것
4. 운전 모드를 변경하여 수동운전을 하려는 경우에는 관제실과의 통신에 이상이 없음을 먼저 확인할 것

[인천] 무인 지하철 2호선 간이운전대 · 네이버 블로그

간이운전대
평상시 승무원은 자리에 앉아 있다가 필요시 뚜껑을 열어 운전

무인자동운전 부산-김해경전철

5. 승차 · 하차 시 승객의 안전 감시나 시스템 고장 등 긴급상황에 대한 신속한 대처를 위하여 필요한 경우에는 열차와 정거장 등에 안전요원을 배치하거나 안전요원이 순회하도록 할 것
6. 무인운전이 적용되는 구간과 무인운전이 적용되지 아니하는 구간의 경계 구역에서의 운전모드 전환을 안전하게 하기 위한 규정을 마련해 놓을 것
7. 열차 운행 중 다음 각 목의 긴급상황이 발생하는 경우 승객의 안전을 확보하기 위한 조치규정을 마련해

가. 열차에 고장이나 화재가 발생하는 경우
나. 선로 안에서 사람이나 장애물이 발견된 경우
다. 그 밖에 승객의 안전에 위험한 상황이 발생하는 경우

서울 우이신설선, 무인운전으로 19분대 주파. 멈출 땐 몸 '휘청' (아시아투데이)

예제 **다음 중 도시철도운영자가 열차를 무인운전으로 운행시 안전확보를 위하여 준수하여야 할 사항으로 틀린 것은?**

가. 관제실에서 열차의 운행상태를 실시간으로 감시 및 조치를 취할 수 있어야 한다.
나. 열차내의 간이운전대에는 승객이 임의로 다룰 수 없도록 잠금장치가 설치되어 있어야 한다.
다. 운전모드를 변경하여 자동운전을 할 경우 관제실과 통신에 이상이 없음을 먼저 확인하여야 한다.
라. 열차를 운행 중 긴급사항이 발생하는 경우 승객의 안전확보를 위한 조치 및 규정을 마련해 놓아야 한다.

해설 도시철도운전규칙 제32조의2(무인운전 시의 안전 확보 등) 제4호: 운전 모드를 변경하여 수동운전을 하려는 경우에는 관제실과의 통신에 이상이 없음을 먼저 확인할 것

예제 **다음 중 도시철도운전규칙에서 무인운전으로 운행 중 긴급상황이 발생시 승객의 안전확보를 위한 조치 규정을 마련하여야 하는 경우가 아닌 것은?**

가. 열차에 고장이나 화재가 발생하는 경우
나. 선로 안에서 사람이나 장애물이 발견되는 경우
다. 간이 운전대의 개방이나 운전 모드 변경을 하는 경우
라. 그 밖에 승객의 안전에 위험한 상황이 발생하는 경우

해설 도시철도운전규칙 제32조의2(무인운전 시의 안전 확보 등) 제7호: 열차 운행 중 다음 각 목의 긴급상황이 발생하는 경우 승객의 안전을 확보하기 위한 조치 규정을 마련해 놓을 것
가. 열차에 고장이나 화재가 발생하는 경우
나. 선로 안에서 사람이나 장애물이 발견된 경우
다. 그 밖에 승객의 안전에 위험한 상황이 발생하는 경우
따라서 '간이 운전대의 개방이나 운전 모드 변경을 하는 경우'는 틀린 답이다.

예제 **다음 중 무인운전에서 준수해야 할 경우가 아닌 것은?**

가. 운전모드를 변경하여 수동운전을 하려는 경우에는 관제실과의 통신에 이상이 없음을 먼저 확인할 것
나. 열차 내의 간이운전대에는 승객이 임의로 다룰 수 없도록 잠금장치가 설치되어 있을 것
다. 관제실에서 열차의 운행상태를 실시간으로 감시 및 조치할 수 있을 것
라. 승차·하차 시 승객의 안전 감시나 시스템 고장 등 긴급상황에 대한 신속한 대처를 위하여 필요한 경우에는 정거장에서 열차의 안전상태를 실시간으로 감시할 수 있을 것

해설 도시철도운전규칙 제32조의2(무인운전 시의 안전 확보 등): 승차 · 하차 시 승객의 안전 감시나 시스템 고장 등 긴급상황에 대한 신속한 대처를 위하여 필요한 경우에는 **열차와 정거장 등에 안전요원을 배치하거나 안전요원이 순회하도록 할 것**

제33조(열차의 운전위치)

열차는 맨 앞의 차량에서 운전하여야 한다. 다만, 추진운전, 퇴행운전 또는 무인운전을 하는 경우에는 그러하지 아니하다.

예제 **열차는 [ ]의 차량에서 운전하여야 한다. 다만, [ ], [ ] 또는 [ ]을 하는 경우에는 그러하지 아니하다.**

정답 맨 앞, 추진운전, 퇴행운전, 무인운전

[제33조 열차의 운전위치]

열차는 맨 앞의 차량에서 운전하여야 한다. (예외) 추진운전, 퇴행운전 또는 무인운전을 하는 경우에는 그러하지 아니하다.

> 추진운전의 또 다른 예
> 앞 열차가 고장났을 때 뒤 열차 전부 차에서 앞 열차 전체를 밀 때도 추진운전이라고 한다(밀기운전이라고도 한다).

• 추진운전: 고장 시는 후부 차 운전실에서 운전

전부차 운전실에
고장이 발생

후부 차 운전실에서 운전 ➡

• 퇴행운전: 처음과 반대 방향으로 운전(정거장의 정지선(기름 때문에)을 1~3m 정도 벗어나 정지했을 때 뒤로 후진운전하는 방식)

기관사는
현위치

⬅ 퇴행 운전(되돌이 운전, 후진운전) 방향

예제 **다음 중 열차의 운전에 관한 설명으로 틀린 것은?**

가. 열차 등은 서행신호가 있을 경우에는 열차는 지정속도 이하로 운전해야 한다.

나. 열차 등은 진행을 지시하는 신호가 있을 때에는 지정속도로 그 표시지점을 지나 다음 신호기까지 진행할 수 있다.

다. 무인운전을 하는 경우에는 열차의 맨 앞의 차량에서 반드시 운전을 해야 한다.

라. 도시철도운영자는 공사를 위하여 선로를 차단할 필요가 있을 경우에는 미리 계획을 수립 후 그 계획에 따라야 한다.

해설 도시철도운전규칙 제33조(열차의 운전위치): 열차는 맨 앞의 차량에서 운전하여야 한다. 다만, 추진운전, 퇴행운전 또는 무인운전을 하는 경우에는 그러하지 아니하다.

예제 다음 중 열차의 맨 앞의 차량 이외의 장소에서 운전해도 되는 경우는?

가. 추진운전 또는 퇴행운전 나. 시험운전 또는 퇴행운전
다. 추진운전 또는 구내운전 라. 무인운전 또는 입환운전

해설 도시철도운전규칙 제33조(열차의 운전위치): 열차는 맨 앞의 차량에서 운전하여야 한다. 다만, **추진운전, 퇴행운전** 또는 무인운전을 하는 경우에는 그러하지 아니하다.

제34조(열차의 운전 시각)

열차는 도시철도운영자가 정하는 열차시간표에 따라 운전하여야 한다. 다만, 운전사고, 운전장애 등 특별한 사유가 있는 경우에는 그러하지 아니하다.

예제 열차는 도시철도운영자가 정하는 열차시간표에 따라 운전하여야 한다. 다만, [ ], [ ] 등 특별한 사유가 있는 경우에는 그러하지 아니하다.

정답 운전사고, 운전장애

제35조(운전 정리)

도시철도운영자는 운전사고, 운전장애 등으로 열차를 정상적으로 운전할 수 없을 때에는 열차의 종류, 도착지, 접속 등을 고려하여 열차가 정상운전이 되도록 운전 정리를 하여야 한다.

예제 도시철도운영자는 운전사고, 운전장애 등으로 열차를 정상적으로 운전할 수 없을 때에는 [ ], [ ], [ ] 등을 고려하여 열차가 [ ]이 되도록 [ ]를 하여야 한다.

정답 열차의 종류, 도착지, 접속, 정상운전, 운전정리

[제34조 열차의 운전 시각]

열차는 도시철도운영자가 정하는 열차시간표에 따라 운전하여야 한다. 다만, 운전사고, 운전장애(10분 정도(승객이 많이 타거나, 출입문이 닫혀지지 않을 때)) 등 특별한 사유가 있는 경우에는 그러하지 아니하다.

[제35조 운전 정리]

도시철도운영자는 운전사고, 운전장애 등으로 열차를 정상적으로 운전할 수 없을 때에는 열차의 종류, 도착지, 접속 등을 고려하여 열차가 정상운전이 되도록 운전 정리를 하여야 한다.
*접속: 승객이 옮겨 타기 편리하도록 열차와 열차를 서로 맞대어 이음. 즉, 하위 열차가 먼저 도착하여, 나중 도착한 상위열차 승객이 하위열차로 옮겨 타도록 하는 것

운전정리란?
- 열차가 지연되었거나 혼란될 우려가 있을 때, 열차를 정상적으로 운전시키기 위해 행하는 운전에 관한 지시(운전명령)
- 열차가 지연되었거나 혼란될 우려가 있을 때, 그 영향을 최소화시키기 위하여 기본열차 운행계획과 다르게 운전시키는 것으로 열차관제사가 행하는 지시

- 열차지연은 언제 발생되나?
  - 아침 출근 시에 이번 열차를 꼭 타야 지각하지 않으므로 집중적으로 당해 열차를 타려고 할 때 지체가 발생
  - 환승역에서 내리고자하는 방향의 차량출구에 승객이 한꺼번에 몰릴 때 문 열어놓는 시간이 길어지게 된다.

[열차지연은 언제 발생되나?]

제36조(운전 진로)

① 열차의 운전방향을 구별하여 운전하는 한 쌍의 선로에서 열차의 운전진로는 우측으로 한다. 다만, 좌측으로 운전하는 기존의 선로에 직통으로 연결하여 운전하는 경우에는 좌측으로 할 수 있다.

예제 **열차의 운전방향을 구별하여 운전하는 한 쌍의 선로에서 열차의 [ ]는 [ ]으로 한다. 다만, [ ]으로 운전하는 기존의 선로에 [ ]으로 [ ]하여 운전하는 경우에는 [ ]으로 할 수 있다.**

정답 운전진로, 우측, 좌측, 직통, 연결, 좌측

② 다음 각 호의 어느 하나에 해당하는 경우에는 제1항에도 불구하고 운전 진로를 달리할 수 있다.

[운전 진로를 달리할 수 있는 경우]

1. 선로 또는 열차에 고장이 발생하여 퇴행운전을 하는 경우
2. 구원열차(救援列車)나 공사열차(工事列車)를 운전하는 경우

예제 **운전 진로를 달리할 수 있는 경우는 [ ]나 [ ]를 운전하는 경우이다.**

정답 구원열차, 공사열차

[구원운전]

고장 전동차 구조하려던 구원열차.
과속하다 '쾅' 서울신문

레일뉴스

3. 차량을 결합·해체하거나 차선을 바꾸는 경우

예제 차량을 [   ]하거나 [   ] 경우에는 운전 진로를 달리할 수 있다.

정답 결합 · 해체, 차선을 바꾸는

[철도차량 결합해체]

전동열차 결합 완료! - 일간스포츠

철도상식 - 철도산업정보센터

4. 구내운전(構內運轉)을 하는 경우

[구내운전]
"구내운전"이라 함은 정거장내 또는 차량기지 내에서 입환신호에 의하여 열차 또는 차량을 운전하는 것을 말한다.

용산차량기지의 모습 : 네이버 블로그

5. 시험운전을 하는 경우

6. 운전사고 등으로 인하여 일시적으로 단선운전(單線運轉)을 하는 경우

7. 그 밖에 특별한 사유가 있는 경우

[제36조(운전 진로)]

① 열차의 운전방향을 구별하여 운전하는 한 쌍의 선로에서 열차의 운전진로는 우측으로 한다. 다만, 좌측으로 운전하는 기존의 선로에 직통으로 연결하여 운전하는 경우에는 좌측으로 할 수 있다(1호선은 좌측통행).

〈예외〉

1. 선로 또는 열차에 고장이 발생하여 퇴행운전
2. 구원열차나 공사열차(구원열차와 공사열차는 항상 따라서 나온다) 운전
3. 차량을 결합 · 해체하거나 차선을 바꾸는 경우(이 경우 운전진로를 우측으로 하지 않아도 된다. 본선에 살며시 나온다)
4. 구내운전을 하는 경우
5. 시험운전을 하는 경우(시험운전: 영업시간이 끝나고 하기 때문에 큰 지장을 주지 않는다).
6. 운전사고 등으로 인하여 일시적으로 단선운전(單線運轉)을 하는 경우
7. 그 밖에 특별한 사유가 있는 경우

* 구원열차: 정거장 외의 고장열차를 회수하기 위한 열차

예제 **도시철도운전규칙에서 운전진로를 변경하여 좌측 운전을 할 수 있는 경우로 맞는 것은?**

가. 정거장과 그 정거장 외의 본선 도중에서 분기하는 측선과의 사이를 운전하는 경우

나. 차량을 결합 · 해체하거나 차선을 바꾸는 경우

다. 양방향 신호설비가 설치된 구간에서 열차를 운전하는 경우

라. 공사열차 · 구원열차 또는 제설열차를 운전하는 경우

해설 도시철도운전규칙 제36조(운전 진로): 차량을 **결합 · 해체하거나 차선을 바꾸는 경우**는 운전진로를 변경하여 좌측 운전을 할 수 있는 경우에 해당된다.

예제 **다음 중 열차의 운전진로를 달리하여 운전할 수 있는 경우가 아닌 것은?**

가. 차량을 결합 · 해체하거나 차선을 바꾸는 경우

나. 제설열차를 운전하는 경우

다. 시험운전을 하는 경우

라. 운전사고 등으로 인하여 일시적으로 단선운전을 하는 경우

해설 도시철도운전규칙 제36조(운전 진로) 제1항: 제설열차를 운전하는 경우는 열차의 운전진로를 달리하여 운전할 수 있는 경우가 아니다.

예제 **다음 중 도시철도운전규칙에서 열차의 운전진로를 달리할 수 있는 경우로 틀린 것은?**

가. 구내운전 또는 시험운전을 하는 경우

나. 선로 또는 열차에 고장이 발생하여 퇴행운전을 하는 경우

다. 운전사고 등으로 인하여 일시적으로 단선운전을 하는 경우

라. 구원열차 · 공사열차 · 사고수습열차를 운전하는 경우

해설 도시철도운전규칙 제36조(운전 진로) 제1항: 구원열차나 공사열차를 운전하는 경우만 해당된다.

예제 **다음 중 운전진로를 달리하여 열차를 운행할 수 있는 경우에 해당하지 않는 것은?**

가. 역행운전이나 퇴행운전을 하는 경우

나. 차량을 결합 · 해체하거나 차선을 바꾸는 경우

다. 열차에 고장이 발생하여 퇴행운전을 하는 경우

라. 운전사고 등으로 인하여 일시적으로 단선운전을 하는 경우

해설 도시철도운전규칙 제36조(운전 진로) 제2항: **퇴행운전은 해당되나** 역행운전은 해당되지 않는다.

예제 **도시철도운전규칙상 열차 운행을 반대선로에서 할 수 있는 경우로 맞는 것은?**

가. 입환운전을 하는 경우

나. 공사열차 · 구원열차 또는 사고수습열차를 운전하는 경우

다. 정거장 외의 선로를 운전하는 경우

라. 선로 또는 열차 고장이 발생하여 퇴행운전하는 경우

해설 도시철도운전규칙 제36조(운전 진로) 및 철도차량운전규칙 제20조: 반대선로에서 할 수 있는 경우는 정거장 내의 선로를 운전하는 경우이다.

<학습코너> 제20조 열차의 운전 방향 지정 등 — 철도차량운전규칙

① 철도운영자 등은 상행선 · 하행선 등으로 노선이 구분되는 선로의 경우에는 열차의 운행방향을 미리 지정하여야 한다.

② 지정된 선로의 <반대 선로>로 열차를 운행할 수 있는 경우

1. 철도운영자 등과 상호 협의된 방법에 따라 열차를 운행하는 경우(3호선에서는 우측통행으로 사전 협의: 구파발까지 우측통행, 구 이후 대화까지는 우측통행으로 양 기관이 합의)
2. 정거장 내의 선로를 운전하는 경우(정류장이 길고 넓은 경우 반대방향으로 운행이 가능하다).
   공사열차 · 구원열차 또는 제설열차를 운전하는 경우
4. 정거장과 그 정거장 외의 본선 도중에서 분기하는 측선과의 사이를 운전하는 경우(동력차의 위치, 운전위치, 운전방향 모두에 적용)
5. 입환운전을 하는 경우(3번선에 있던 차량으로 7번으로 옮기는 작업, 주로 정거장과 차량기지에서)
6. 선로 또는 열차의 시험을 위하여 운전하는 경우
7. 퇴행(退行)운전(열차 뒤로가는 것)을 하는 경우
8. 양방향 신호설비(단선)가 설치된 구간에서 열차를 운전하는 경우
9. 철도사고 또는 운행장애(이하 '철도사고등'이라 한다)의 수습 또는 선로보수공사 등으로 인하여 부득이하게 지정된 선로방향을 운행할 수 없는 경우(좌측선을 우측선으로 바꿀 수 있다)

③ 반대선로로 운전하는 열차가 있는 경우 후속 열차에 대한 운행통제 등 필요한 안전조치를 하여야 한다.

제37조(폐색구간)

① 본선은 폐색구간으로 분할하여야 한다. 다만, 정거장 안의 본선은 그러하지 아니하다.

예제 [   ]은 폐색구간으로 [   ]하여야 한다. 다만, [   ]은 그러하지 아니하다.

정답 본선, 분할 ,정거장 안의 본선

② 폐색구간에서는 둘 이상의 열차를 동시에 운전할 수 없다. 다만, 다음 각 호의 어느 하나에 해당하는 경우에는 그러하지 아니하다.

[폐색구간에서는 둘 이상의 열차를 동시에 운전할 수 있는 경우]

1. 고장난 열차가 있는 폐색구간에서 구원열차를 운전하는 경우

예제 고장난 열차가 있는 폐색구간에서 [ ]를 운전하는 경우 [ ]의 열차를 동시에 운전할 수 있다.

정답 구원열차, 둘 이상

2. 선로 불통으로 폐색구간에서 공사열차를 운전하는 경우
3. 다른 열차의 차선 바꾸기 지시에 따라 차선을 바꾸기 위하여 운전하는 경우

예제 다른 열차의 [ ] 지시에 따라 [ ] 위하여 운전하는 경우 [ ]의 열차를 동시에 운전할 수 있다.

정답 차선 바꾸기, 차선을 바꾸기, 둘 이상

4. 하나의 열차를 분할하여 운전하는 경우

예제 하나의 열차를 [ ]하여 운전하는 경우 [ ]의 열차를 동시에 운전할 수 있다.

정답 분할, 둘 이상

예제 폐색구간에서는 둘 이상의 열차를 동시에 운전할 수 없으나 예외가 적용되는 경우는?

가. 하나의 열차를 분할하여 운전하는 경우 (O)
나. 열차를 결합하여 운전하는 경우 (X)

[폐색구간]

폐색구간에는 무조건 딱! 1대의 열차만 들어갈 수 있고, 어떤 열차가 특정 폐색구간을 통과하면, 그 열차의 뒤쪽에 있는 폐색구간에도 열차가 들어올 수가 없게 신호기가 빨간 등을 켜게 된다.

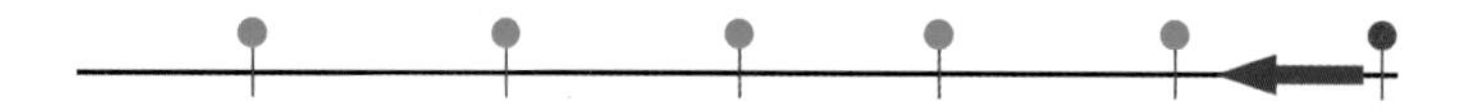

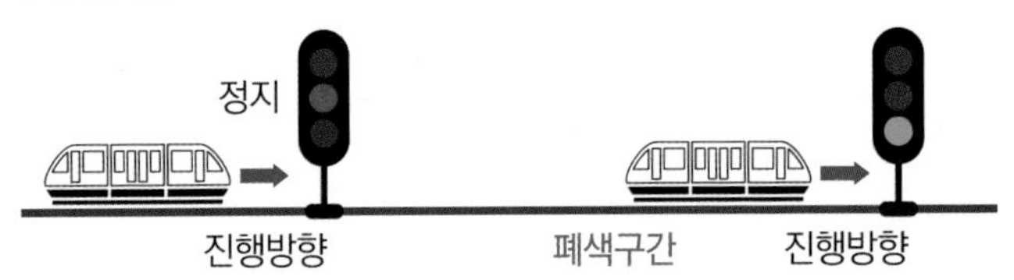

철도차량의 폐색 구간

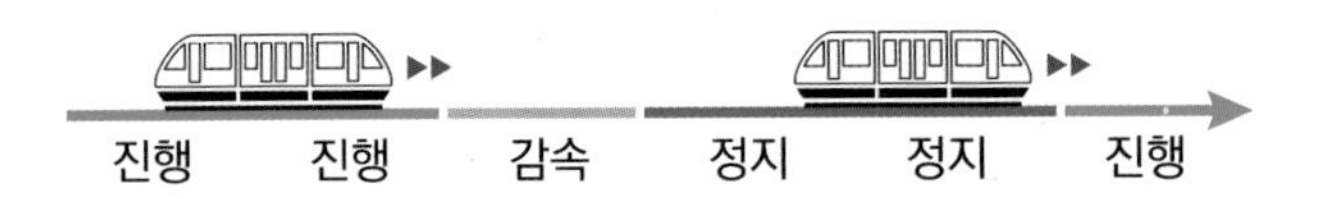

[고정폐색(FBS: Fixed Block System)과 이동폐색(MBS: Moving Block System)의 비교]

이동폐색(Moving Block)은 열차점유를 유동적으로 지원

- 열차간의 간격 축소 가능
- Headway(운행시격)의 감소가능(1분까지)
- 승객의 역내 대기시간의 감소
- 최소의 차량 수에 의한 최적화 운행가능

고정폐색

이동폐색

예제 **다음 중 열차의 운전에 관한 설명 중 틀린 것은?**

가. 정거장 안의 본선은 폐색구간으로 분할하지 않아도 된다.

나. 열차는 도시철도운영자가 정하는 열차시간표에 따라 운전하여야 한다.

다. 둘 이상의 열차는 어떠한 경우에도 동시에 출발 또는 도착시켜서는 아니 된다.

라. 운전사고 등 특별한 사유가 있을 때에는 정거장 외의 본선에서 열차를 정지하여 승객을 하차시킬 수 있다.

해설 도시철도운전규칙 제37조(폐색구간)

[폐색구간에서는 둘 이상의 열차를 동시에 운전할 수 있는 경우]

1. 고장난 열차가 있는 폐색구간에서 구원열차를 운전하는 경우
2. 선로 불통으로 폐색구간에서 공사열차를 운전하는 경우
3. 다른 열차의 차선 바꾸기 지시에 따라 차선을 바꾸기 위하여 운전하는 경우
4. 하나의 열차를 분할하여 운전하는 경우

예제 **다음 중 폐색구간에서 2 이상의 열차를 동시에 운전할 수 있는 경우가 아닌 것은?**

가. 고장난 열차가 있는 폐색구간에서 구원열차를 운전하는 경우

나. 선로 불통으로 폐색구간에서 지도통신식에 의하여 운전하는 경우

다. 다른 열차의 차선 바꾸기 지시에 따라 차선을 바꾸기 위하여 운전하는 경우

라. 하나의 열차를 분할하여 운전하는 경우

해설 도시철도운전규칙 제37조(폐색구간): 선로 불통으로 폐색구간에서 공사열차를 운전하는 경우가 맞다.

예제 **다음 중 도시철도운전규칙에 정하는 열차의 운전에 관한 사항으로 틀린 것은?**

가. 열차의 운전방향을 구별하여 운전하는 한쌍의 선로에 있어서 열차의 운전진로를 우측으로 한다.

나. 좌측으로 운전하는 기존의 선로에 직통으로 연결하여 운전하는 경우에는 운전진로를 좌측으로 할 수 있다.

다. 정거장 외의 본선에서는 승객을 승·하차시키기 위하여 열차를 정지시킬 수 없다.

라. 정거장 안의 본선은 폐색구간으로 분할하여야 한다.

해설 도시철도운전규칙 제37조(폐색구간) 제1항 본선은 폐색구간으로 분할하여야 한다. 다만, 정거장 안의 본선은 그러하지 아니하다.

예제 **다음 중 한 폐색구간에 둘 이상의 열차를 운전할 수 있는 경우로 맞는 것은?**

가. 선로불통으로 폐색구간에서 통신식에 의하여 운전하는 경우

나. 고장난 열차가 있는 폐색구간에서 공사열차를 운전하는 경우

다. 운전사고 등으로 인하여 일시 단선운전을 하는 경우

라. 다른 열차의 차선 바꾸기 지시에 의하여 차선을 바꾸기 위하여 운전하는 경우

해설 도시철도운전규칙 제37조(폐색구간) 제1항: '다른 열차의 차선 바꾸기 지시에 따라 차선을 바꾸기 위하여 운전하는 경우'가 맞는 답이다.

제38조(추진운전과 퇴행운전)

① 열차는 추진운전이나 퇴행운전을 하여서는 아니 된다. 다만, 다음 각 호의 어느 하나에 해당하는 경우에는 그러하지 아니하다.

[추진운전과 퇴행운전이 가능한 경우]

1. 선로나 열차에 고장이 발생한 경우
2. 공사열차나 구원열차를 운전하는 경우

예제 추진운전이나 퇴행운전을 할 수 있는 경우는 [ ]나 [ ]를 운전하는 경우이다.

정답 공사열차, 구원열차

3. 차량을 결합·해체하거나 차선을 바꾸는 경우

예제 차량을 [ ]하거나 [ ] 경우에는 추진운전이나 퇴행운전을 할 수 있다.

정답 결합·해체, 차선을 바꾸는

4. 구내운전을 하는 경우

예제 [ ]을 하는 경우에는 추진운전이나 퇴행운전을 할 수 있다.

정답 구내운전

5. 시설 또는 차량의 시험을 위하여 시험운전을 하는 경우
6. 그 밖에 특별한 사유가 있는 경우

② 노면전차를 퇴행운전하는 경우에는 주변 차량 및 보행자들의 안전을 확보하기 위한 대책을 마련하여야 한다.

[제38조 추진운전(밀기운전)과 퇴행운전(되돌이 운전)]

① 열차는 추진운전이나 퇴행운전을 하여서는 아니 된다. 다만, 다음 각 호의 어느 하나에 해당하는 경우에는 그러하지 아니하다.

〈예외〉 (뒤로도 갈 수 있는 경우)

1. 선로나 열차에 고장이 발생한 경우
2. 공사열차나 구원열차를 운전하는 경우
3. 차량을 결합 · 해체하거나 차선을 바꾸는 경우
4. 구내운전 시
5. 시설 또는 차량의 시험을 위하여 시험운전을 하는 경우
6. 그 밖에 특별한 사유가 있는 경우

② 노면전차를 퇴행운전하는 경우에는 주변 차량 및 보행자들의 안전을 확보하기 위한 대책을 마련하여야 한다.

추진운전은 구원운전과는 구분해서 이해해야 한다.

* 밀기운전: 열차 또는 차량을 맨 앞쪽 이외의 운전실에서 운전하는 경우를 말한다.
* 구내운전: 정거장 또는 차량기지 구내에서 입환신호기, 입환표지, 선로별표시 등의 현시 조건에 의해 동력을 가진 차량을 이동 또는 전선하는 경우에 운전하는 방식이다.

퇴행 운전: 처음 방향과 반대로 운전(되돌이 운전, 후진 운전)
앞에 철로가 끊어졌다. 장애물이 있다. 뒤가 보이지 않으면 차장의 도움을 받는다.

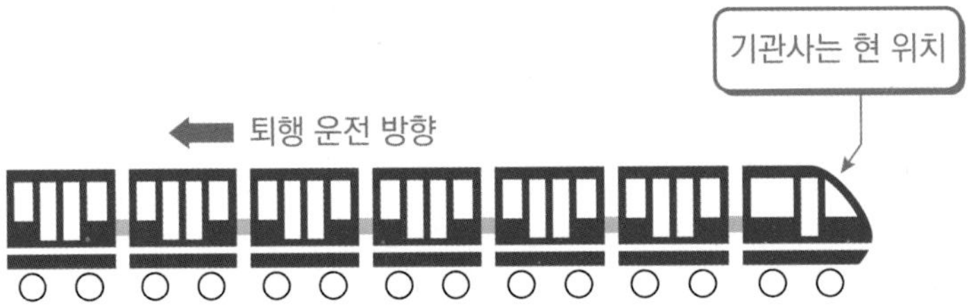

기관사는 현 위치

퇴행 운전 방향

추진 운전: 후부 차(운전실)에서 운전(밀기 운전, 운행방향은 동일)
앞의 열차들이 고장이 발생, 뒤의 차들이 밀고 가는 것이 추진 운전

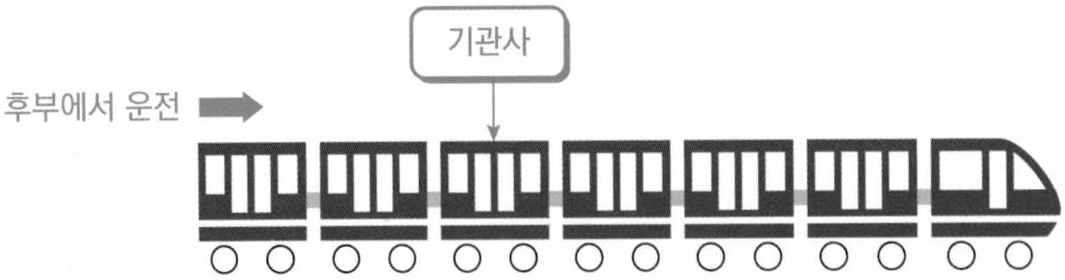

기관사

후부에서 운전

[퇴행운전사례]

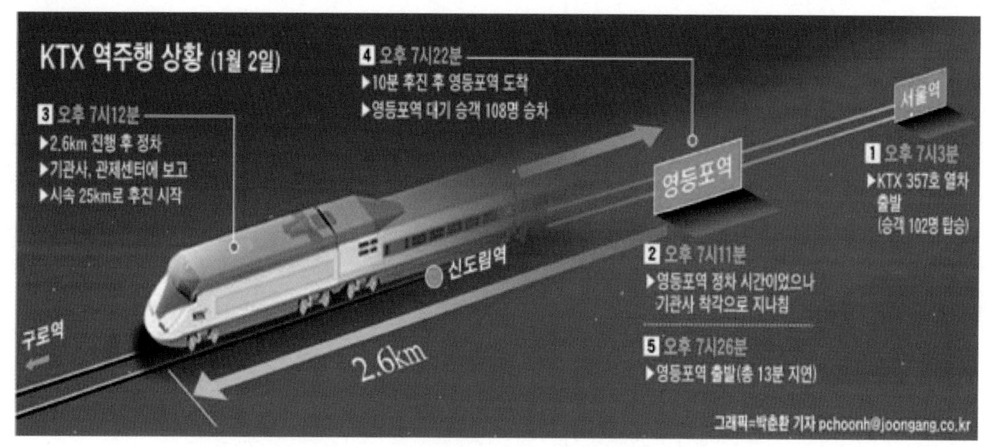

역 지나쳐 거꾸로 10분 달린 KTX - 중앙일보 2012.1.4.

예제 **다음 중 열차가 추진운전 및 퇴행운전을 할 수 있는 경우로 틀린 것은?**

가. 열차에 고장이 발생한 경우

나. 구원열차를 운전하는 경우

다. 차량을 결합 · 해체하거나 차선을 바꾸는 경우

라. 운전사고 등으로 일시 단선운전 하는 경우

해설 도시철도운전규칙 제38조(추진운전과 퇴행운전) 제1항: 운전사고 등으로 일시 단선운전 하는 경우는 퇴행운전을 할 수 없다.

예제 **다음 중 열차가 퇴행운전을 할 수 있는 경우로 틀린 것은?**

가. 구원열차를 운전하는 경우

나. 차량을 결합 · 해체하는 경우

다. 선로에 고장이 발생한 경우

라. 제설열차를 운전하는 경우

해설 도시철도운전규칙 제38조(추진운전과 퇴행운전) 제1항: 제설열차를 운전하는 경우 퇴행운전을 하지 못한다.

예제 **도시철도운전규칙상 열차의 운전에 관한 설명으로 맞는 것은?**

가. 안전운전에 지장이 없더라도 안전예방을 위해 둘 이상의 열차를 동시에 출발시키거나 도착시켜서는 아니 된다.

나. 열차는 추진운전이나 퇴행운전을 하여서는 안 된다.

다. 열차 등은 정지신호가 있을 때 단계적으로 속도를 줄여 다음 정거장에서 정차하여야 한다.

라. 교차로에서는 앞서가는 열차와 신호연동시스템에 의해 순차적으로 통과하여야 한다.

해설 도시철도운전규칙 제38조(추진운전과 퇴행운전) 제1항 열차는 추진운전이나 퇴행운전을 하여서는 아니 된다.

예제 **도시철도운전규칙에서 추진운전과 퇴행운전을 할 수 있는 경우로 맞는 것은 ?**

가. 선로 · 전차선로 또는 차량에 고장이 있는 경우

나. 공사열차 · 구원열차 또는 제설열차를 운행하는 경우

다. 시설 또는 차량의 시험을 위하여 시험운전을 하는 경우

라. 노면전차는 퇴행운전을 할 수 없다.

해설 도시철도운전규칙 제38조(추진운전과 퇴행운전): 시설 또는 차량의 시험을 위하여 시험운전을 하는 경우에는 추진운전이나 퇴행운전을 할 수 있다.

제39조(열차의 동시 출발 및 도착의 금지)

둘 이상의 열차는 동시에 출발시키거나 도착시켜서는 아니 된다. 다만, 열차의 안전운전에 지장이 없도록 신호 또는 제어설비 등을 완전하게 갖춘 경우에는 그러하지 아니하다.

예제 **[ ]의 열차는 [ ]시키거나 도착시켜서는 아니 된다. 다만, 열차의 [ ]에 지장이 없도록 [ ] 또는 [ ] 등을 완전하게 갖춘 경우에는 그러하지 아니하다.**

정답 둘 이상, 동시에 출발, 안전운전, 신호, 제어설비

[제39조 열차의 동시 출발 및 도착의 금지]

둘 이상의 열차는 동시에 출발시키거나 도착시켜서는 아니 된다.(위험하므로)
다만, 열차의 안전운전에 지장이 없도록 신호 또는 제어설비(안전측선) 등을 완전하게 갖춘 경우에는 그러하지 아니하다.

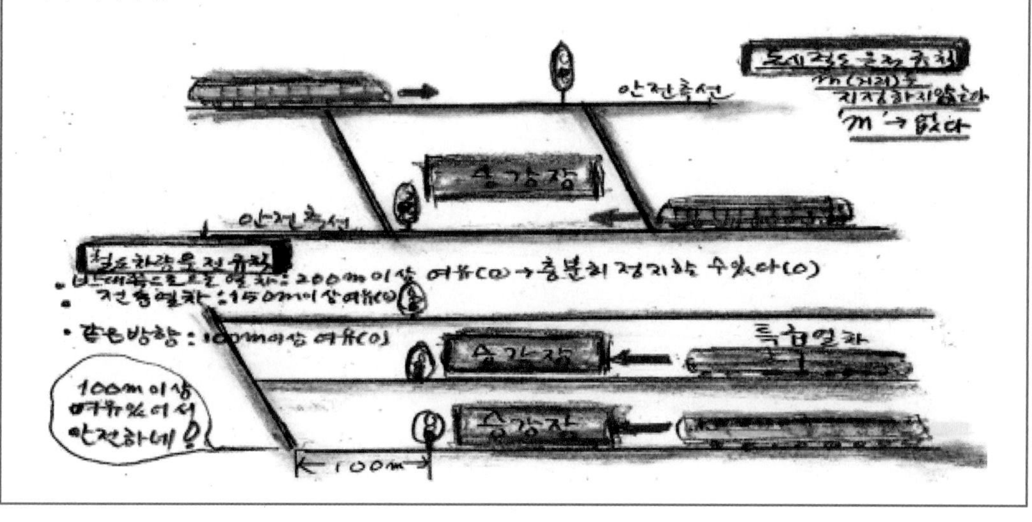

예제 다음 중 신호기를 설치하지 아니한 경우 사용하는 수신호방식으로 틀린 것은?

가. 야간 진행신호는 녹색등

나. 야간 정지신호는 적색등

다. 주간 서행신호는 적색기와 녹색기를 머리위로 높이 교차한다.

라. 주간 정지신호는 적색기 또는 한 팔을 높이 든다.

해설 도시철도운전규칙 제39조(열차의 동시출발 및 도착의 금지): 제70조(수신호방식): 주간 정지신호는 적색기, 다만 부득이한 경우에는 두 팔을 높이 든다.

제40조(정거장 외의 승차 · 하차금지)

정거장 외의 본선에서는 승객을 승차 · 하차시키기 위하여 열차를 정지시킬 수 없다. 다만, 운전사고 등 특별한 사유가 있을 때에는 그러하지 아니하다.

예제 정거장 외의 [ ]에서는 승객을 [ ]·[ ]시키기 위하여 열차를 [ ]시킬 수 없다. 다만, 운전사고 등 특별한 사유가 있을 때에는 그러하지 아니하다.

정답 본선, 승차, 하차, 정지

[본선운전]

4호선 본선 영업운전하다 당고개 회차선 진입.

본선에서 길 잘못 든 부산 1호선 판단 착오? - 부산일보

[제40조 정거장 외의 승차 · 하차금지]

정거장 외의 본선에서는 승객을 승차 · 하차시키기 위하여 열차를 정지시킬 수 없다. 다만, 운전사고 등 특별한 사유가 있을 때에는 제외이다.

대구역 열차사고 사고현장, 원인은 본선에서 무궁화호가 멈추지 않았기 때문. 중앙일보

제41조(선로의 차단)

도시철도운영자는 공사나 그 밖의 사유로 선로를 차단할 필요가 있을 때에는 미리 계획을 수립한 후 그 계획에 따라야 한다. 다만, 긴급한 조치가 필요한 경우에는 운전업무를 총괄하는 사람(이하 "관제사"라 한다)의 지시에 따라 선로를 차단할 수 있다.

예제 **도시철도운영자는 공사나 그 밖의 사유로 [ ]를 [ ]할 필요가 있을 때에는 미리 [ ]을 수립한 후 그 [ ]에 따라야 한다. 다만, [ ]한 조치가 필요한 경우에는 운전업무를 총괄하는 사람(이하 "[ ]"라 한다)의 [ ]에 따라 선로를 차단할 수 있다.**

정답 선로, 차단, 계획, 계획, 긴급, 관제사, 지시

예제 **선로 차단 시 차단책임자가 누구인가?**

정답 관제사

[제41조 선로의 차단]

도시철도운영자는 공사나 그 밖의 사유로 선로를 차단(선로를 끊다)할 필요가 있을 때에는 미리 계획을 수립한 후 그 계획에 따라야 한다.
다만, 긴급한 조치가 필요한 경우에는 운전업무를 총괄하는 사람(이하 "관제사"라 한다)의 지시에 따라 선로를 차단할 수 있다.

선로의 차단과 조치
* 승무원이 시속 70km로 운행하는 도중에도 선로 끊어진 곳을 1~3cm 쉽게 발견.
* 관제사에게 연락하면 "이후로는 25km/h속도 등으로 가라"고 운행지시를 한다.
* 끊어진 부분(전기톱으로 1~2m잘라서)을 교환 → 불과 5분 미만 시간에 교체
* 선로 교체 후 시운전 실시

예제 **다음 중 긴급한 조치가 필요한 경우 선로를 차단할 수 있는 자는?**

가. 운전업무를 총괄하는 사람
나. 해당구간의 선로관리자
다. 역장 및 사업소장
라. 기관사

해설 도시철도운전규칙 제41조(선로의 차단): 긴급한 조치가 필요한 경우에는 운전업무를 총괄하는 사람(이하 "관제사"라 한다)의 지시에 따라 선로를 차단할 수 있다.

예제 **다음 도시철도운전규칙에서 열차의 운전에 관한 설명으로 틀린 것은?**

가. 둘 이상의 열차는 동시에 출발시키거나 도착시켜서는 아니 된다. 다만, 열차의 안전운전에 지장이 없도록 신호 또는 제어설비 등을 완전하게 갖춘 경우에는 그러하지 아니하다.

나. 정거장 외의 본선에서는 승객을 승차·하차시키기 위하여 열차를 정지시킬 수 없다. 다만, 운전사고 등 특별한 사유가 있을 때에는 그러하지 아니하다.

다. 도시철도운영자는 공사나 그 밖의 사유로 선로를 차단할 필요가 있을 때에는 미리 계획을 수립한 후 그 계획에 따라야 한다. 다만, 긴급한 조치가 필요한 경우에는 차단되는 선로의 관계 역장이 서로 협의하여 선로를 차단할 수 있다.

라. 열차 등은 서행신호가 있을 때에는 지정속도 이하로 운전하여야 하며, 서행해제신호가 있는 지점을 통과한 후에는 정상속도로 운전할 수 있다.

해설 도시철도운전규칙 제41조(선로의 차단) 도시철도운영자는 공사나 그 밖의 사유로 선로를 차단할 필요가 있을 때에는 미리 계획을 수립한 후 그 계획에 따라야 한다. 다만, 긴급한 조치가 필요한 경우에는 운전업무를 총괄하는 사람(이하 "관제사"라 한다)의 지시에 따라 선로를 차단할 수 있다.

제42조(열차 등의 정지)

① 열차 등은 정지신호가 있을 때에는 즉시 정지시켜야 한다.

② 제1항에 따라 정차한 열차 등은 진행을 지시하는 신호가 있을 때까지는 진행할 수 없다. 다만, 특별한 사유가 있는 경우 관제사의 속도제한 및 안전조치에 따라 진행할 수 있다.

예제 **정차한 열차 등은 [ ]을 지시하는 [ ]가 있을 때까지는 진행할 수 없다. 다만, 특별한 사유가 있는 경우 [ ]의 [ ] 및 [ ]에 따라 진행할 수 있다.**

정답 진행, 신호, 관제사, 속도제한, 안전조치

> **[제42조 열차 등의 정지]**
>
> ① 열차 등은 정지신호가 있을 때에는 즉시 정지시켜야 한다.
> ② 제1항에 따라 정차한 열차 등은 진행을 지시하는 신호가 있을 때까지는 진행할 수 없다. 다만, 특별한 사유가 있는 경우 관제사의 속도제한 및 안전조치에 따라 진행할 수 있다.
>
> 관제사의 업무: 선로차단도 하고, 신호기 고장 났을 때 전령을 부르기도 하고, 레일 침수 시 후방에서 오는 열차를 정지시킨다.
>
> * 신호: 진행신호 · 감속신호 · 주의신호 · 경계신호 · 유도신호("안내신호") 및 차내신호(정지신호를 제외) 등 진행을 지시하는 신호

예제 **도시철도운전규칙에서 열차운행에 대한 설명으로 맞는 것은?**

가. 열차 등은 정지신호가 있을 때에는 즉시 정지시켜야 한다. 정차한 열차 등은 특별한 사유가 없는 한 진행을 지시하는 신호가 있을 때까지는 진행할 수 없다.
나. 열차 등은 서행신호가 있을 때에는 서행속도 이하로 운전하여야 한다.
다. 열차 등은 진행을 지시하는 신호가 있을 때에는 선로 허용속도로 그 표시지점을 지나 다음 신호기까지 진행할 수 있다.
라. 시설 또는 차량의 시험을 위하여 시험운전을 하는 경우 퇴행운전은 가능하나 추진운전은 할 수 없다.

해설 도시철도운전규칙 제42조(열차 등의 정지):
① 열차 등은 정지신호가 있을 때에는 즉시 정지시켜야 한다.
② 제1항에 따라 정차한 열차 등은 진행을 지시하는 신호가 있을 때까지는 진행할 수 없다. 다만, 특별한 사유가 있는 경우 관제사의 속도제한 및 안전조치에 따라 진행할 수 있다.

제43조(열차 등의 서행)

① 열차 등은 서행신호가 있을 때에는 지정속도 이하로 운전하여야 한다.

예제 **열차 등은 [ ]가 있을 때에는 [ ]로 운전하여야 한다.**

정답 서행신호, 지정속도 이하

② 열차 등이 서행해제신호가 있는 지점을 통과한 후에는 정상속도로 운전할 수 있다.

예제 열차 등이 [ ]가 있는 지점을 통과한 후에는 [ ]로 운전할 수 있다.

정답 서행해제신호, 정상속도

[제43조 열차 등의 서행]

① 열차 등은 서행신호가 있을 때에는 지정속도 이하로 운전하여야 한다.
② 열차 등이 서행해제신호가 있는 지점을 통과한 후에는 정상속도로 운전할 수 있다.

철도차량운전규칙
서행신호 전에 서행예고신호가 있었는데 속도를 표시하라고 나와있다. 도시철도운전규칙에서는 구체적인 속도는 나와있지 않다.

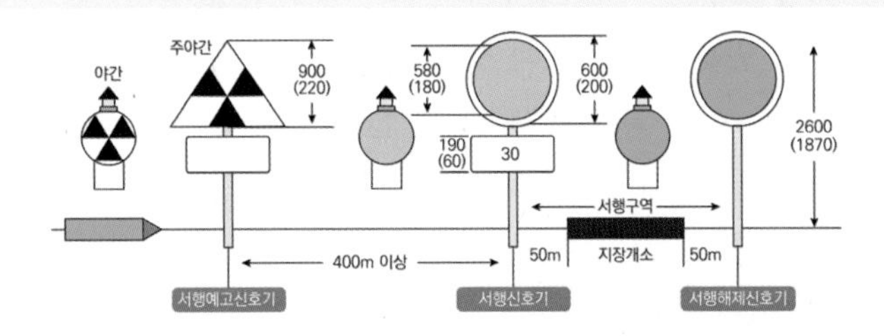

[제44조 열차 등의 진행]

열차 등은 진행을 지시하는 신호가 있을 때에는 지정속도로 그 표시 지점을 지나 다음 신호기까지 진행할 수 있다.

서울교통공사: 지정속도의 예
초록 + 노랑 = 65km/h
노랑 = 45km/h

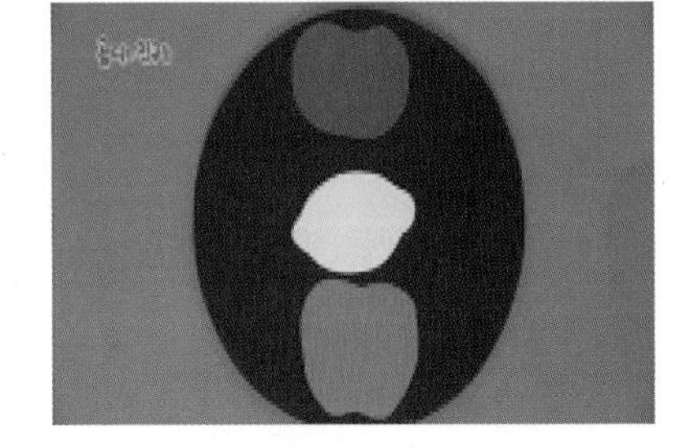

과일신호등 놀이

제44조(열차 등의 진행)

열차 등은 진행을 지시하는 신호가 있을 때에는 지정속도로 그 표시 지점을 지나 다음 신호기까지 진행할 수 있다.

예제 **열차 등은 진행을 지시하는 신호가 있을 때에는 [ ]로 그 [ ]을 지나 [ ]까지 진행할 수 있다.**

정답 지정속도, 표시지점, 다음 신호기

제44조의2 (노면전차의 시계운전)

시계운전을 하는 노면전차의 경우에는 다음 각 호의 사항을 준수하여야 한다.

1. 운전자의 가시거리 범위에서 신호 등 주변상황에 따라 열차를 정지시킬 수 있도록 적정 속도로 운전할 것

예제 **시계운전을 하는 노면전차의 경우에는 운전자의 [ ]에서 신호 등 [ ]에 따라 열차를 정지시킬 수 있도록 [ ]로 운전할 것**

정답 가시거리 범위, 주변상황, 적정 속도

2. 앞서가는 열차와 안전거리를 충분히 유지할 것
3. 교차로에서 앞서가는 열차를 따라서 동시에 통과하지 않을 것

[제44조의2 노면전차의 시계운전]

시계운전을 하는 노면전차의 경우의 준수사항
1. 운전자의 가시거리 범위에서 신호 등 주변상황에 따라 열차를 정지시킬 수 있도록 적정 속도로 운전할 것
2. 앞서가는 열차와 안전거리를 충분히 유지할 것
3. 교차로에서 앞서가는 열차를 따라서 동시에 통과하지 않을 것(연속으로는 가지 말 것)

* 가시거리: 눈으로 볼 수 있는 목표까지의 수평거리
* 교차로: 2 이상의 도로요소가 만나 교차하는 지점의 접속점

니스에서 운행중인 노면전차(트램)의 모습

노면 트램이 대전 도시철도 2호선으로 최종 결정되면서 트램에 대한 관심이 집중되고 있다. (굿모닝 충청)

예제 **다음 중 시계운전을 하는 노면전차의 기관사가 준수하여야 할 사항이 아닌 것은?**

가. 자동차와의 충돌사고방지를 위하여 교차로에서 앞서가는 열차를 따라서 동시에 통과할 것

나. 앞서가는 열차와 안전거리를 충분히 유지할 것

다. 운전자의 가시거리 범위에서 신호 등 주변상황에 따라 열차를 정지시킬 수 있도록 적정 속도로 운전할 것

라. 교차로에서 앞서가는 열차를 따라서 동시에 통과하지 않을 것

해설 도시철도운전규칙 제44조의2(노면전차의 시계운전) 시계운전을 하는 노면전차의 경우에는 다음 각 호의 사항을 준수하여야 한다.

1. 운전자의 가시거리 범위에서 신호 등 주변상황에 따라 열차를 정지시킬 수 있도록 적정속도로 운전할 것
2. 앞서가는 열차와 안전거리를 충분히 유지할 것
3. 교차로에서 앞서가는 열차를 따라서 동시에 통과하지 않을 것

예제 **도시철도운전규칙상 열차 등의 서행, 열차 등의 진행, 노면전차 시계운전에 관한 설명으로 틀린 것은?**

가. 시계운전을 하는 노면전차는 앞서가는 열차와 안전거리를 충분히 유지하여야 한다.

나. 운전자의 가시거리 범위에서 신호 등 주변상황에 따라 열차를 정지시킬 수 있도록 지정 속도로 운전해야 한다.

다. 열차 등은 진행을 지시하는 신호가 있을 때에는 지정속도로 그 표시지점을 지나 다음 신호기까지 진행할 수 있다.

라. 시계운전을 하는 노면전차는 교차로에서 앞서가는 열차를 따라서 동시에 통과하지 않아야 한다.

해설 도시철도운전규칙 제44조의2(노면전차의 시계운전): 운전자의 가시거리 범위에서 신호 등 주변상황에 따라 열차를 정지시킬 수 있도록 **적정 속도**로 운전할 것

예제 **도시철도운전규칙상 시계운전을 하는 노면전차의 준수사항이다. 틀린 것은?**

가. 앞서가는 열차와 안전거리를 충분히 유지할 것

나. 교차로에서 앞서가는 열차를 따라서 동시에 통과하지 않을 것

다. 앞서가는 열차와 안전거리는 안전속도에 따라 유지할 것

라. 운전자의 가시거리 범위에서 신호 등 주변상황에 따라 열차를 정지시킬 수 있도록 적정 속도로 운전할 것

해설 도시철도운전규칙 제44조의2(노면전차의 시계운전): 시계운전을 하는 노면전차의 경우에는 다음 각 호의 사항을 준수하여야 한다.

1. 운전자의 가시거리 범위에서 신호 등 주변상황에 따라 열차를 정지시킬 수 있도록 적정 속도로 운전할 것
2. 앞서가는 열차와 안전거리를 충분히 유지할 것
3. 교차로에서 앞서가는 열차를 따라서 동시에 통과하지 않을 것

제3절 차량의 결합 · 해체

제45조(차량의 결합 · 해체 등)

① 차량을 결합·해체하거나 차량의 차선을 바꿀 때에는 신호에 따라 하여야 한다.

예제 **차량을 [ ]·[ ]하거나 차량의 [ ]에는 신호에 따라 하여야 한다.**

정답 결합, 해체, 차선을 바꿀 때

예제 **차량을 결합·해체하거나 차량의 차선을 바꿀 때에는 전호에 따라 하여야 한다.**

정답 신호에 따라야 한다.

② 본선을 이용하여 차량을 결합·해체하거나 열차 등의 차선을 바꾸는 경우에는 다른 열차 등과의 충돌을 방지하기 위한 안전조치를 하여야 한다.

예제 **본선을 이용하여 차량을 [ ]·[ ]하거나 열차 등의 차선을 바꾸는 경우에는 [ ] 등과의 [ ]을 방지하기 위한 [ ]를 하여야 한다.**

정답 결합, 해체, 다른 열차, 충돌, 안전조치

[제3절 차량의 결합 · 해체]

제45조 차량의 결합 · 해체 등

① 차량을 결합 · 해체하거나 차량의 차선을 바꿀 때에는 신호에 따라 하여야 한다.

② 본선을 이용하여 차량을 결합 · 해체하거나 열차 등의 차선을 바꾸는 경우에는 다른 열차 등과의 충돌을 방지하기 위한 안전조치를 하여야 한다.

※ 본선을 이용해서 결합, 해체, 입환 등의 운전행위를 할 수 있다.

예제 **다음 중 보기의 빈칸에 들어갈 용어로 알맞은 것은?**

'차량을 결합 · 해체하거나 차량의 차선을 바꿀 때에는 (　　)에 따라 하여야 한다.'

가. 신호　　나. 표지

다. 전호　　라. 무전

해설 도시철도운전규칙 제45조(차량의 결합 · 해체 등) 제1항 차량을 결합 · 해체하거나 차량의 차선을 바꿀 때에는 신호에 따라 하여야 한다.

제46조(차량결합 등의 장소)

정거장이 아닌 곳에서 본선을 이용하여 차량을 결합·해체하거나 차선을 바꾸어서는 아니 된다. 다만, 충돌방지 등 안전조치를 하였을 때에는 그러하지 아니하다.

예제 **정거장이 [　　　　] [　　]을 이용하여 차량을 [　　　　]하거나 [　　　　] 아니 된다. 다만, [　　　] 등 안전조치를 하였을 때에는 그러하지 아니하다**

정답 아닌 곳에서, 본선, 결합 · 해체, 차선을 바꾸어서는, 충돌방지

[제46조 차량결합 등의 장소]

제46조 차량결합 등의 장소

정거장이 아닌 곳에서 본선을 이용하여 차량을 결합 · 해체하거나 차선을 바꾸어서는 아니 된다.
다만, 충돌방지 등 안전조치를 하였을 때에는 그러하지 아니하다.

스마트 열차결합해체 기술(Youtube)

KTX 복합 열차 결합 장면(Youtube)

정거장이 아닌 곳에서 본선을 이용하여 차량을 결합 · 해체하거나 차선을 바꾸어서는 아니 된다. 다만, 충돌방지 등 안전조치를 하였을 때에는 그러하지 아니하다.

호남선 KTX, SRT

예제 **다음 중 도시철도운전규칙의 차량의 결합 · 해체 등에 관한 설명으로 맞는 것은?**

가. 차량을 결합 · 해체할 때에는 관제사의 지시에 따라 행하여야 한다.

나. 차량의 차선을 바꾸는 때에는 관제사의 지시에 따라 행하여야 한다.

다. 정거장이 아닌 곳에서 본선을 이용하여 차량을 결합 · 해체하거나 차선을 바꾸어서는 아니 된다.

라. 측선을 이용하여 차량을 결합 · 해체하거나 열차 또는 차량의 차선을 바꾸는 경우에는 다른 열차 등과의 충돌방지를 위한 안전조치를 하여야 한다.

해설 도시철도운전규칙 제46조(차량결합 등의 장소) 정거장이 아닌 곳에서 본선을 이용하여 차량을 결합 · 해체하거나 차선을 바꾸어서는 아니 된다. 다만, 충돌방지 등 안전조치를 하였을 때에는 그러하지 아니하다.

제4절 선로전환기의 취급

제47조(선로전환기의 쇄정 및 정위치 유지)

① 본선의 선로전환기는 이와 관계 있는 신호장치와 연동쇄정(聯動鎖錠)을 하여 사용하여야 한다.

예제 **본선의 선로전환기는 이와 [ ] 신호장치와 [ ]을 하여 사용하여야 한다.**

정답 관계 있는, 연동쇄정

② 선로전환기를 사용한 후에는 지체 없이 미리 정하여진 위치에 두어야 한다.

예제 **선로전환기를 사용 한 후에는 [ ] 미리 정하여진 [ ]에 두어야 한다.**

정답 지체 없이, 위치

③ 노면전차의 경우 도로에 설치하는 선로전환기는 보행자 안전을 위해 열차가 충분히 접근하였을 때에 작동하여야 하며, 운전자가 선로전환기의 개통방향을 확인할 수 있어야 한다.

예제 **노면전차의 경우 도로에 설치하는 [ ]는 [ ]을 위해 열차가 [ ] 하였을 때에 작동하여야 하며, 운전자가 선로전환기의 [ ]을 확인할 수 있어야 한다.**

정답 선로전환기, 보행자 안전, 충분히 접근, 개통방향

[제4절 선로전환기의 취급]

제47조 선로전환기의 쇄정 및 정위치 유지

① 본선의 선로전환기는 이와 관계있는 신호장치와 연동쇄정을 하여 사용하여야 한다(선로전환기는 신호기와 반드시 같이 있다 → 연동, 과거에는 통표폐색식, 그 이후에는 연동폐색식).

② 선로전환기를 사용한 후에는(열차를 한 번 보냈으면) 지체 없이 미리 정하여진 위치에 두어야 한다(정위: 12시간 이상 위치하고 있는 상태)(유도신호기에는 표시하지 않고, 입환신호기는 정지를 표시하고, 자동폐색신호기는 진행을 나타낸다).

선로전환기 - 위키백과

추병 선로전환기

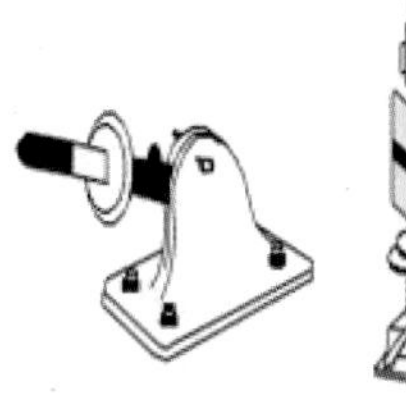

추불은 선로전환기와 표지부선로전환기의 잠금

③ 노면전차의 경우 도로에 설치하는 선로전환기는 보행자 안전을 위해 열차가 충분히 접근하였을 때에 작동하여야 하며, 운전자가 선로전환기의 개통방향을 확인할 수 있어야 한다.

* 선로전환기: 열차 또는 차량을 한 궤도에서 다른 궤도로 연결시키기 위하여 설치한 한 궤도상의 설비로, 전환 후 열차가 통과할 때까지 움직이지 못하도록 쇄적하는 안전장치를 포함하고 있다. 종류로 보통선로전환기, 삼지선로전환기, 탈선선로전환기

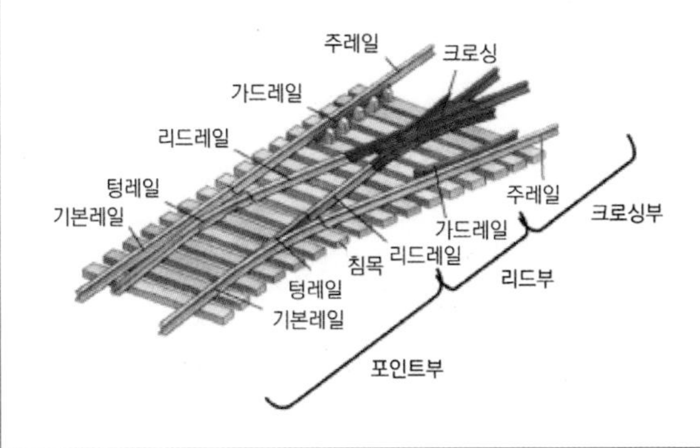

[선로전환기의 정위(12시간 이상 개통 상태 유지)]

* 본선과 본선인 경우에는 주요한 본선(같은 본선끼리라도 주요한 본선)
* 본선과 측선인 경우에는 본선
* 본선 또는 안전측선인 경우에는 안전측선
* 측선과 측선인 경우에는 주요한 측선

[선로전환기]

* 평소에 사용하는 선로방향인 정위로 되어 있다가 필요한 경우 반위로 이동해 열차의 진로를 결정해주는 역할을 한다.
* 평소에는 모터의 힘으로 작동하지만 고장이 발생할 경우 전기를 끊고 수동핸들을 삽입하여 시계방향 또는 반시계방향으로 돌려 정, 반위를 결정한다.

정위(Normal Position)와
반위(Reverse Position)

[선로전환기]

* 텅레일: 선로전환기(전철기)에 연동되어 움직인다. 진행방향을 바꾸어 주는 레일
* 리드레일: 열차를 진행방향으로 유도하는 레일
* 가드레일: 열차의 탈선을 막기위한 레일
* 크로싱: 두 개의 선로가 교차하도록 하는 설비
* 주 레일: 메인 레일

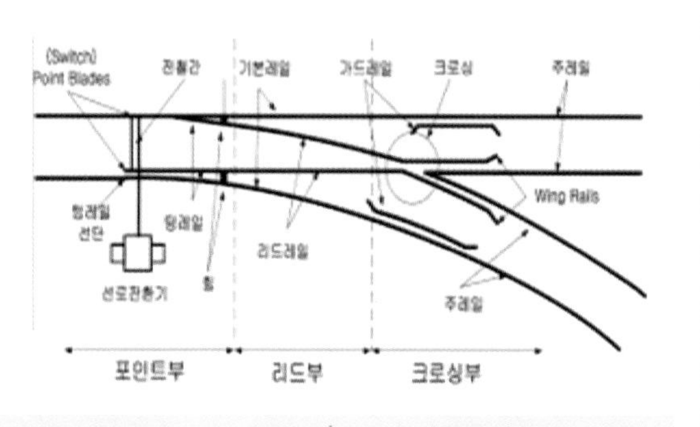

관련 용어

* 대항: 위의 그림과 같이 선로가 나누어지는 쪽의 방향
* 배향: 두 선로가 같이 합쳐지는 방향
* 정위: 기본 진행방향, 본선 쪽인 경우가 대부분
* 반위: 선로전환기를 취급한 방향, 측선 쪽이 대부분

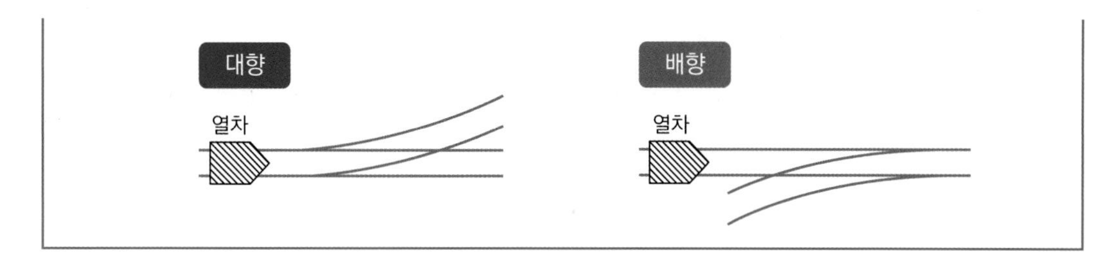

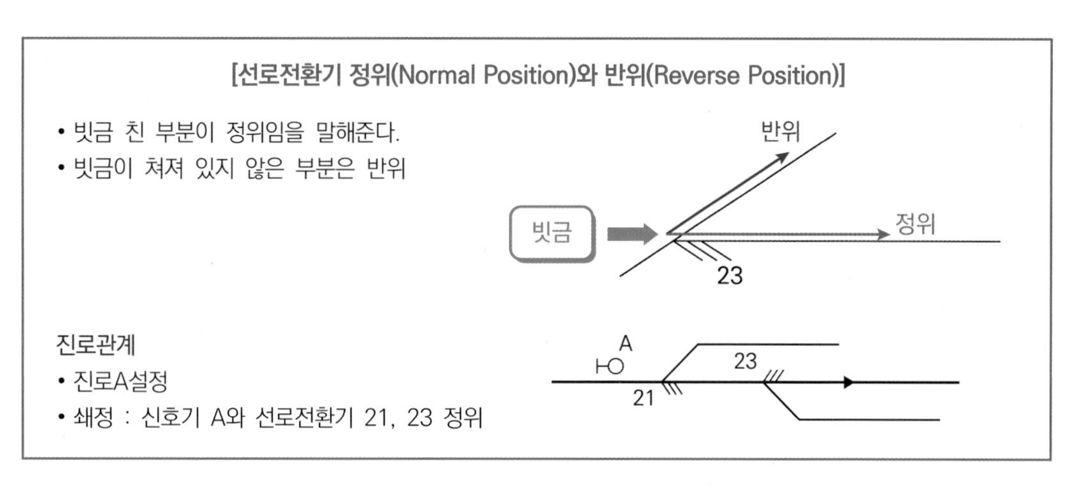

예제 **다음 중 선로전환기의 쇄정 및 정위치 유지에 관한 설명으로 틀린 것은?**

가. 본선의 선로전환기는 이와 관계있는 신호장치와 연동쇄정을 하며 사용한다.

나. 선로전환기를 사용한 후에는 5분 이내에 미리 정하여진 위치에 두어야 한다.

다. 노면전차의 경우 도로에 설치하는 선로전환기는 보행자 안전을 위하여 열차가 충분히 접근 하였을 때 작동해야 한다.

라. 노면전차의 운전자가 선로전환기의 개통 방향을 확인할 수 있어야 한다.

해설 도시철도운전규칙 제47조(선로전환기의 쇄정 및 정위치 유지) 제2항: 선로전환기를 사용 한 후에는 지체 없이 미리 정하여진 위치에 두어야 한다.

예제 **다음 중 도시철도운전규칙에 관한 설명으로 틀린 것은?**

가. 도시철도 운전규칙에서 정하지 아니한 사항은 법령의 범위에서 도시철도운영자가 따로 정할 수 있다.

나. 도시철도운영자는 열차 등의 특성, 선로 및 전차선로의 구조와 강도 등을 고려하여 열차의 운전속도를 정하여야 한다.

다. 노면전차의 경우 도로에 설치하는 선로전환기의 개통방향은 보행자의 안전을 위해 보행자가 확인할 수 있어야 한다.

라. 도시철도운영자는 열차 등의 안전운전에 지장이 없도록 운전관계표지를 설치하여야 한다.

해설 도시철도운전규칙 제47조(선로전환기의 쇄정 및 정위치 유지) 제3항: 노면전차의 경우 도로에 설치하는 선로전환기는 보행자 안전을 위해 열차가 충분히 접근하였을 때에 작동하여야 하며, 운전자가 선로전환기의 개통 방향을 확인할 수 있어야 한다.

제5절 운전속도

제48조(운전속도)

① 도시철도운영자는 열차 등의 특성, 선로 및 전차선로의 구조와 강도 등을 고려하여 열차의 운전속도를 정하여야 한다.

예제 **도시철도운영자는 열차 등의 [ ], 선로 및 [ ]의 [ ]와 [ ] 등을 고려하여 열차의 [ ]를 정하여야 한다**

정답 특성, 전차선로, 구조, 강도, 운전속도

[열차운전속도 정할 때 고려 요소]

1. 열차 등의 특성,
2. 선로
3. 전차선로의 구조와 강도

② 내리막이나 곡선선로에서는 제동거리 및 열차 등의 안전도를 고려하여 그 속도를 제한하여야 한다.

예제 **내리막이나 곡선선로에서는 [ ] 및 [ ] 등의 [ ]를 고려하여 그 [ ]를 제한하여야 한다.**

정답 제동거리, 열차, 안전도, 속도

③ 노면전차의 경우 도로교통과 주행선로를 공유하는 구간에서는 「도로교통법」 제17조에 따른 최고속도를 초과하지 않도록 열차의 운전속도를 정하여야 한다.

예제 **노면전차의 경우 도로교통과 [ ]를 [ ]하는 구간에서는 [ ]에 따른 [ ]를 초과하지 않도록 열차의 [ ]를 정하여야 한다.**

정답 주행선로, 공유, 「도로교통법」 제17조, 최고속도, 운전속도

[제5절 운전속도]

제48조 운전속도

① 도시철도운영자는 열차 등의 특성, 선로 및 전차선로의 구조와 강도 등을 고려하여 열차의 운전속도를 정하여야 한다(지하구간 속도는 90km/h, 지상구간 속도는 100km/h).

② 내리막(내리막에는 제한속도가 있고, 오르막에는 없다)이나 곡선 선로에서는 제동거리 및 열차 등의 안전도를 고려하여 그 속도를 제한하여야 한다.

③ 노면전차의 경우 도로교통과 주행선로를 공유하는 구간에서는 「도로교통법」 제17조에 따른 최고속도를 초과하지 않도록 열차의 운전속도를 정하여야 한다.

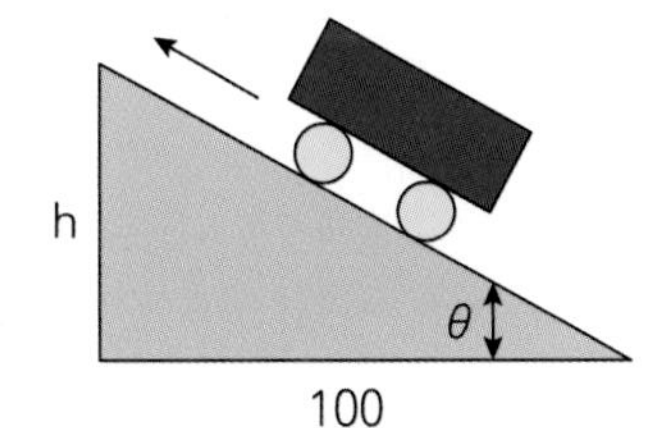

오르막, 기울기(구배)

도로교통법 제17조(자동차 등의 속도)

(1) 자동차 등의 도로 통행속도는 행정자치부령으로 정한다.

- 강도: 금속성물질이 끊어지지 않으려고 저항하는 힘의 정도
- 곡선: 선로: 직선형태가 아닌 곡선반경을 따라 부설된 선로 형태

[곡선선로]

곡선반경

- 곡선반경은 운전 및 선로 보수상 가능한 한 큰 것이 좋으나 불가피하게 반경이 작은 곡선을 두어야 할 때가 많다.
- 최소곡선반경은 궤간, 열차속도, 차량의 고정거리에 따라 달라진다(궤간이 넓으면 넓을수록 최소곡선반경은 커져야 한다. 광궤일수록 큰 최소곡선반경이 필요. 고정거리: 앞의 축과 뒤의 축 간의 거리. 고정거리가 넓으면 넓을수록 심한곡선은 통과할 수 없다).

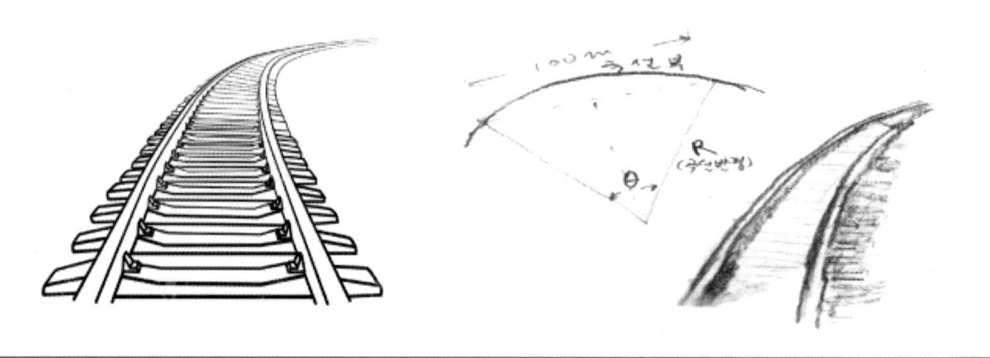

[제동거리]

- 공주거리: 제동핸들을 제동위치로 이동시켜 제동이 적용될 때까지 주행한 거리를 공주거리라 한다.
- 실제동거리: 제동이 유효하게 작용 후 정지할 때까지 주행거리를 말하며 속도의 자승에 비례한다.

> - 전제동거리(S) = 공주거리(S_1) + 실제동거리(S_2)
> - 공주거리(S_1) = $v \times t_1$ (m/s. s) = $V \times t_1/3.6$ (km/h. s)
>   [단, 평탄선구일 때, S_1 : 공주거리, t_1 : 공주시간]
> - 실제동거리(S_2) = V^2 / 7.2A [A : 가속도]

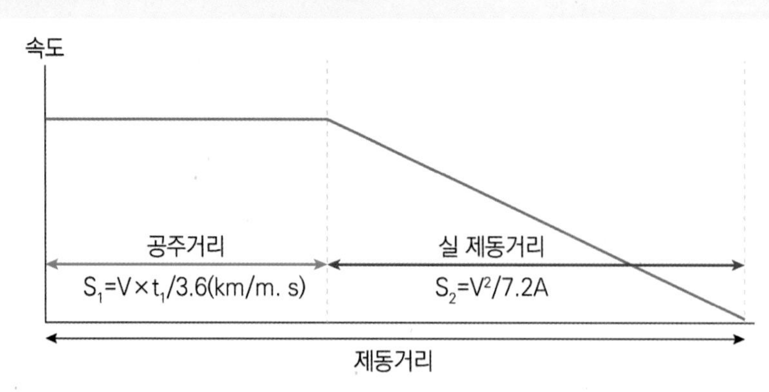

예제 다음 중 노면전차가 도로교통과 주행선로를 공유하는 구간에서 최고속도를 초과하지 않도록 정하는 근거가 되는 법은?

가. 도로교통법　　나. 도시철도법

다. 철도안전법　　라. 교통안전법

해설 도시철도운전규칙 제48조(운전속도) 제3항 노면전차의 경우 도로교통과 주행선로를 공유하는 구간에서는 「도로교통법」 제17조에 따른 최고속도를 초과하지 않도록 열차의 운전속도를 정하여야 한다.

예제 도시철도운전규칙에서 운전속도를 정할 때 고려하여야 할 사항이 아닌 것은?

가. 열차 등의 특성　　**나. 신호**

다. 선로　　라. 전차선로의 구조와 강도

해설 도시철도운전규칙 제48조(운전속도): ① 도시철도운영자는 **열차 등의 특성, 선로 및 전차선로의 구조와 강도** 등을 고려하여 열차의 운전속도를 정하여야 한다.

예제 다음 도시철도운영자가 열차의 운전속도를 정할 때 고려하여야 할 사항이 아닌 것은?

가. 열차 등의 특성　　**나. 열차장 및 견인정수**

다. 선로　　라. 전차선로의 구조와 강도

해설 도시철도운전규칙 제48조(운전속도) 제1항: 도시철도운영자는 **열차 등의 특성, 선로 및 전차선로의 구조와 강도** 등을 고려하여 열차의 운전속도를 정하여야 한다.

예제 도시철도 운전규칙에 관한 설명으로 틀린 것은?

가. 열차는 선로 및 전차선로의 상태, 차량의 성능, 운전방법, 신호의 조건 등에 따라 안전한 속도로 운전하여야 한다.

나. 내리막이나 곡선선로에서는 제동거리 및 열차 등의 안전도를 고려하여 그 속도를 제한하여야 한다.

다. 차내신호의 "0" 신호가 있은 후 진행하는 경우에 운전속도를 제한하여야 한다.

라. 자동폐색신호의 정지신호가 있는 지점을 지나서 진행하는 경우에 운전속도를 제한하여야 한다.

해설 도시철도운전규칙 제48조(운전속도) ① 도시철도운영자는 열차 등의 특성, 선로 및 전차선로의 구조와 강도 등을 고려하여 열차의 운전속도를 정하여야 한다.

제49조(속도제한)

도시철도운영자는 다음 각 호의 어느 하나에 해당하는 경우에는 운전속도를 제한하여야 한다.

[운전속도를 제한해야 하는 경우]

1. 서행신호를 하는 경우
2. 추진운전이나 퇴행운전을 하는 경우
3. 차량을 결합·해체하거나 차선을 바꾸는 경우
4. 쇄정되지 아니한 선로전환기를 향하여 진행하는 경우
5. 대용폐색방식으로 운전하는 경우

예제 [ ]폐색방식으로 운전하는 경우 [ ]를 제한하여야 한다.

정답 대용, 운전속도

6. 자동폐색신호의 정지신호가 있는 지점을 지나서 진행하는 경우

예제 [ ]폐색신호의 [ ]가 있는 지점을 지나서 진행하는 경우 [ ]를 제한하여야 한다.

정답 자동, 정지신호, 운전속도

7. 차내신호의 "0" 신호가 있은 후 진행하는 경우

예제 [ ]신호의 [ ]신호가 있은 후 진행하는 경우 [ ]를 제한하여야 한다.

정답 차내, "0", 운전속도

8. 감속·주의·경계 등의 신호가 있는 지점을 지나서 진행하는 경우

예제 **[ ]·[ ]·[ ] 등의 신호가 있는 지점을 지나서 진행하는 경우 [ ]를 제한하여야 한다.**

정답 감속, 주의, 경계, 운전속도

9. 그 밖에 안전운전을 위하여 운전속도제한이 필요한 경우

[용어설명]

* 퇴행운전: 열차가 운행도중 최초의 진행방향과 반대의 방향으로 운전하는 경우를 말하며, '되돌이 운전'이라 함
* 결합: 둘 이상이 서로 합쳐서 하나가 됨. 즉, 각각 흩어져 있는 철도차량을 한 편성으로 조성
* 쇄정: 전철기나 신호기를 취급할 수 없도록 일시적으로 고정시키는 것. 조사쇄정, 표시쇄정, 철사쇄정, 진로쇄정, 진로구분쇄정, 접근쇄정, 보류쇄정
* 차내신호: 열차 및 차량의 진로정보를 지상장치로부터 차상장치로 수신하여 운전실내에 설치된 신호현시장치에 의해 열차의 운행조건을 지시하는 신호방식
* 운전속도제한: 분기기에 의한 속도제한

[제49조 속도제한]

도시철도운영자는 다음 경우 운전속도를 제한하여야 한다.

1. 서행신호(서행신호 지정속도)를 하는 경우
2. 추진운전이나 퇴행운전(25km/h)을 하는 경우
3. 차량을 결합·해체하거나 차선을 바꾸는 경우
4. 쇄정되지 아니한(잠그지 않았을 때 25km/h) (잠그는 경우 40~60km/h) 선로전환기를 향하여 진행하는 경우(대향운전)
5. 대용폐색방식(통신식, 지도통신식, 지도식) (잠그는 경우:45km/h)으로 운전하는 경우
6. 자동폐색신호의 정지신호(선로변 신호)(정지신호기가 있는데도 불구하고 15KS: 15km/h 스위치를 누르고 갈 수 있다)가 있는 지점을 지나서 진행하는 경우(구원열차의 경우 ASOS 스위치를 취급하고 진행할 수 있다)
7. 차내신호의 "0" 신호(못 가는 신호)(정지신호기가 있는데도 불구하고 15km/h 스위치를 누르고 갈 수 있다)가 있은 후 진행하는 경우
8. 감속(G/Y)·주의(Y)·경계(YY) 등의 신호가 있는 지점을 지나서 진행하는 경우(25km/h로 운영)
9. 그 밖에 안전운전을 위하여 운전속도제한이 필요한 경우

[쇄정(잠금, Locking)]

쇄정: 신호보안(열차제어)장치가 동작 또는 기능을 하지 못하도록 묶어 두는 것. 묶는 이유는 신뢰성의 원칙과 열차제동장치의 특성상 제동거리가 긴 취약성에 따른 열차안전을 확보하기 위함

전기를 이용하여 연쇄가 이루어지는 방법을 전기쇄정법이라 하는데 8종류가 있다.

1. **조사쇄정**(Check Locking): 정자취급소를 달리하는 정자 상호 간에 붙인 연쇄를 말함
2. **표시쇄정**(Indication Locking): 표시쇄정은 정시정위인 신호기가 정지로 복귀되어 표시가 확인될 때까지 관계진로가 쇄정되는 것을 말한다.
3. **철사쇄정**(Detector Locking): 전철기(선로전환기)를 포함하는 궤도회로 내에 열차가 있을 때, 이 열차로 인하여 전철기가 전환하지 못하도록 쇄정하는 것
4. **진로쇄정**(Route Locking): 열차가 신호기와 진행신호현시에 의해 그 진로에 진입하였을 때 관계전철기를 포함하는 궤도회로를 완전히 통과할 때까지 열차에 의하여 전철기를 전환할 수 없도록 쇄정한 것
5. **진로구분쇄정**(Sectional Route Locking): 여러 개의 궤도회로로 구분하여 열차가 구분되어 있는 구간을 벗어날 때마다 그 구간에 있는 선로전환기를 순차적으로 해정시켜 다른 열차의 운전 또는 차량입환 등에 사용할 수 있도록 한 것. 후속열차의 진입을 빠르게 하기 위함
6. **접근쇄정**(Approach Locking): 진행신호를 지시하고 있는 신호기 외방 일정구간에 열차가 진입하였을 때 진행신호를 정지신호로 변경하였을 경우에는 상당시간을 경과할 때까지는 열차에 의해 그 진로의 전철기 등을 전환하지 못하도록 쇄정하는 것
7. **보류쇄정**(Stick Locking): 신호기 또는 입환표지에 일단 진행을 지시하는 신호를 현시한 다음, 도착선 변경을 할 필요가 있을 때 취급자는 열차가 신호기 또는 입환표지에 정지신호를 현시한 다음부터 일정시간이 경과하지 않으면 진로 내의 전철기가 전환되지 않도록 각각 쇄정하는 것

[대향과 배향]

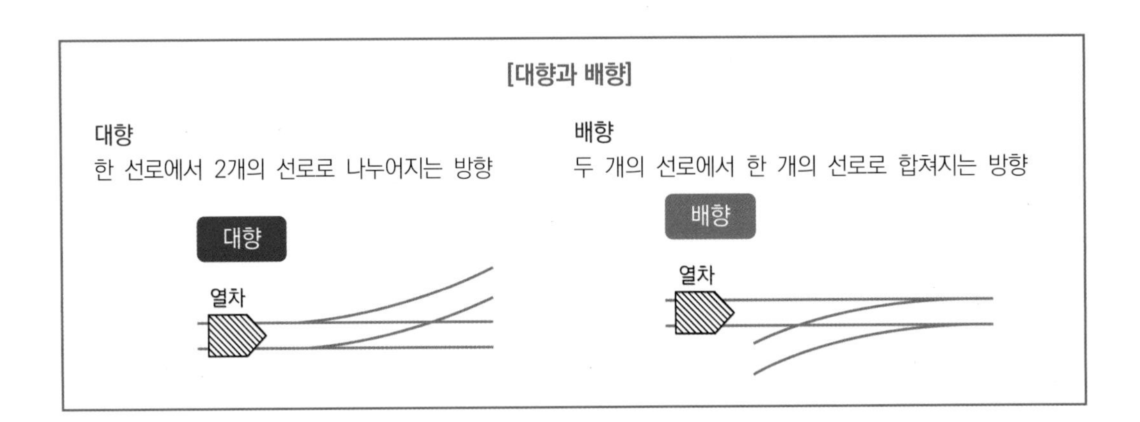

예제 **다음 중 도시철도운영자가 운전속도를 제한하여야 하는 경우로 볼 수 없는 것은?**

가. 서행신호를 현시하는 경우

나. 추진운전이나 퇴행운전을 하는 경우

다. 선로의 최고속도로 운전하여야 하는 경우

라. 쇄정되지 아니한 선로전환기를 향하여 진행하는 경우

해설 도시철도운전규칙 제49조(속도제한): 선로의 최고속도로 운전하여야 하는 경우는 운전속도를 제한하여야 하는 경우로 볼 수 없다.

예제 **다음 중 도시철도운영자가 운전속도를 제한하여야 하는 경우로 틀린 것은?**

가. 퇴행운전을 하는 경우

나. 상용폐색방식에 의하여 운전하는 경우

다. 쇄정되지 아니한 선로전환기를 향하여 진행하는 경우

라. 차내신호의 "0" 신호가 있은 후 진행하는 경우

해설 도시철도운전규칙 제49조(속도제한): 대용폐색방식으로 운전하는 경우에 운전속도를 제한하여야 한다.

예제 **도시철도운전규칙에서 도시철도운영자가 운전속도를 제한할 경우가 아닌 것은?**

가. 전령법에 의하여 열차를 운전하는 경우

나. 대용폐색방식으로 운전하는 경우

다. 자동폐색신호의 정지신호가 있는 지점을 지나서 진행하는 경우

라. 감속·주의·경계 등의 신호가 있는 지점을 지나서 진행하는 경우

해설 도시철도운전규칙 제49조(속도제한): '전령법에 의하여 열차를 운전 하는 경우'는 도시철도운영자가 운전속도를 제한할 경우가 아니다.
전령법: 더 이상 상용,대용폐색방식을 적용할 수 없는 구간을 운전하는 열차에 전령자를 동승시켜 폐색에 준하는 폐색방식을 시행하여 해당 구간의 열차를 운행시키는 방식의 폐색법으로 전령법이라고도 한다. 이때 열차에는 백색 완장을 착용한 전령자가 탑승한다.

예제 **다음 중 열차의 안전운전을 위하여 운전속도제한을 하여야 하는 자는?**

가. 관제사

나. 국토교통부장관

다. 한국교통안전공단 이사장

라. 도시철도운영자

해설 도시철도운전규칙 제49조(속도제한): **도시철도운영자**는 다음 각 호의 어느 하나에 해당하는 경우에는 운전속도를 제한하여야 한다.

예제 **도시철도운영자가 운전속도를 제한할 경우로 맞는 것은?**

가. 서행전호를 하는 경우

나. 자동폐색신호의 정지신호가 있는 지점을 지나서 진행하는 경우

다. 쇄정되지 아니한 선로전환기를 배향으로 운전하는 경우

라. 통표폐색식으로 열차를 운전하는 경우

해설 도시철도운전규칙 제49조(속도제한): 자동폐색신호의 정지신호가 있는 지점을 지나서 진행하는 경우 도시철도운영자가 운전속도를 제한할 수 있다.

제6절 차량의 유치

제50조(차량의 구름 방지)

① 차량을 선로에 두는 경우에는 저절로 구르지 않도록 필요한 조치를 하여야 한다.

② 동력을 가진 차량을 선로에 두는 경우에는 그 동력으로 움직이는 것을 방지하기 위한 조치를 마련하여야 하며, 동력을 가진 동안에는 차량의 움직임을 감시하여야 한다.

[제6절 차량의 유치]

제50조(차량의 구름 방지)

① 차량을 선로에 두는 경우에는 저절로 구르지 않도록 필요한 조치를 하여야 한다.

② 동력을 가진 차량을 선로에 두는 경우에는 그 동력으로 움직이는 것을 방지하기 위한 조치를 마련하여야 하며, 동력을 가진 동안에는 차량의 움직임을 감시하여야 한다.

차량이 구르지 않도록 하는 구름막이

제5장

폐색방식

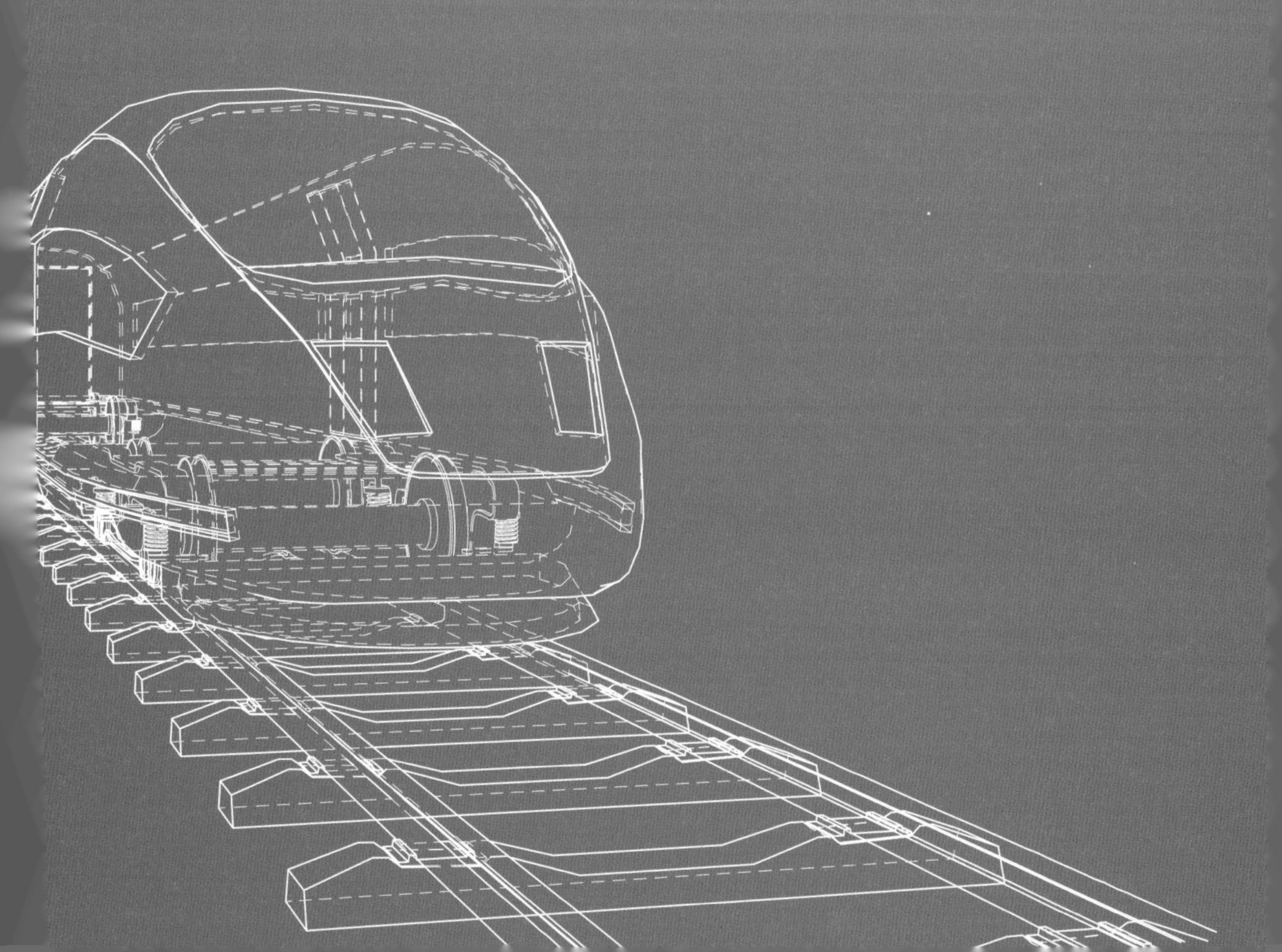

폐색방식

제1절 통칙

제51조(폐색방식의 구분)

① 열차를 운전하는 경우의 폐색방식은 일상적으로 사용하는 폐색방식(이하 "상용폐색방식"이라 한다)과 폐색장치의 고장이나 그 밖의 사유로 상용폐색방식에 따를 수 없을 때 사용하는 폐색방식(이하 "대용폐색방식"이라 한다)에 따른다.

예제 **폐색방식은 일상적으로 사용하는 [ ]과 폐색장치의 고장이나 그 밖의 사유로 상용폐색방식에 따를 수 없을 때 사용하는 [ ]에 따른다.**

정답 상용폐색방식, 대용폐색방식

② 제1항에 따른 폐색방식에 따를 수 없을 때에는 전령법(傳令法)에 따르거나 무폐색운전을 한다.

예제 폐색방식에 따를 수 없을 때에는 [   ]에 따르거나 [   ]을 한다.

정답 전령법, 무폐색운전

[제51조(폐색방식의 구분)]

① 열차를 운전하는 경우의 폐색방식은 일상적으로 사용하는 폐색방식("상용폐색방식")과 폐색장치의 고장이나 그 밖의 사유로 상용폐색방식에 따를 수 없을 때 사용하는 폐색방식("대용폐색방식")에 따른다.
② 폐색방식에 따를 수 없을 때에는 전령법(傳令法)에 따르거나 무폐색운전을 한다.

무폐색운전
- 열차가 정거장간 도중에서 고장, 그 밖의 사유로 상용폐색방식 또는 폐색준용법에 의하기 곤란한 경우에는 무폐색운전을 할 수 있다.
- 역 간 도중에서 최근정거장 간 또는 폐색경계표지 간으로 함
- 다만, 통신식을 시행할 수 없는 경우에는 종착역까지 함
- ATC 차상장치 고장의 경우 : 확인운전 또는 지령운전
- 그 밖에 관제사의 지시에 의하는 경우 : 관제사의 승인 운전

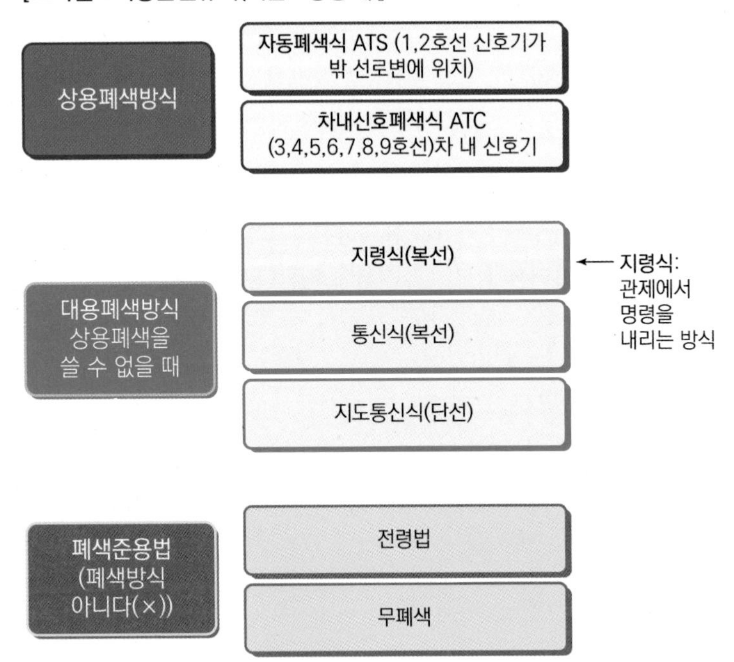

예제 **도시철도운전규칙에서 폐색에 대한 설명으로 맞지 않는 것은?**

가. 상용폐색방식은 자동폐색식 차내신호폐색식이 있다.

나. 대용폐색방식에는 통신식, 지도통신식이 있다.

다. 지도통신식의 운전허가증은 지도표, 지도권이 있다.

라. 상용폐색방식과 대용폐색방식에 따를 수 없을 때에는 전령법과 무폐색운전이 적용된다.

해설 도시철도운전규칙 제51조(폐색방식의 구분) 대용폐색방식에는 지령식, 통신식, 지도통신식의 3가지가 있다.

예제 **다음 중 상용폐색방식 및 대용폐색방식에 따를 수 없을 때 사용하는 폐색방식은?**

가. 전령법, 격시법

나. 지도식, 전령법

다. 무폐색운전, 지도식

라. 전령법, 무폐색운전

해설 도시철도운전규칙 제51조(폐색방식의 구분) 제1항 열차를 운전하는 경우의 폐색방식은 일상적으로 사용하는 폐색방식(이하 "상용폐색방식"이라 한다)과 폐색장치의 고장이나 그 밖의 사유로 상용폐색방식에 따를 수 없을 때 사용하는 대용폐색방식에 따른다. 제2항 제1항에 따른 폐색방식에 따를 수 없을 때에는 전령법(傳令法)에 따르거나 무폐색 운전을 한다.

〈학습코너〉

폐색장치란?

1) 고정폐색장치(Fixed Block System)

고정폐색: 역 간 궤도회로의 폐색구간을 최초 계획된 운전 시격에 맞추어 분할하고 이 분할된 구간 내에 궤도회로를 설치하여 해당 속도명령을 궤도회로에 송신하는 방식(AF방식)

고정폐색

이동폐색

2) 자동폐색장치(ABS: Automatic Block System)

자동폐색: 역과 역 사이를 다수구역(폐색)으로 분할하고 구역마다 설치된 신호기가 자동적으로 속도를 지시하여 열차운행 밀도가 향상된 신호장치

3) 이동폐색 방식(Moving Block System)

이동폐색: 궤도회로가 없고 폐색구간이 없다. 고정폐색구간의 개념을 깨뜨린다(예로서 신분당선, 소사-원시 구간에 적용). 궤도회로 없이 선후행 열차 상호 간 위치속도를 무선신호 전송매체에 의하여 파악한다. 열차 스스로 이동하면서 자동운전이 이루어지는 첨단 폐색방식이다.

※ 고정폐색방식보다 선로용량을 증대시킬 수 있고, 운행밀도를 높일 수 있다.

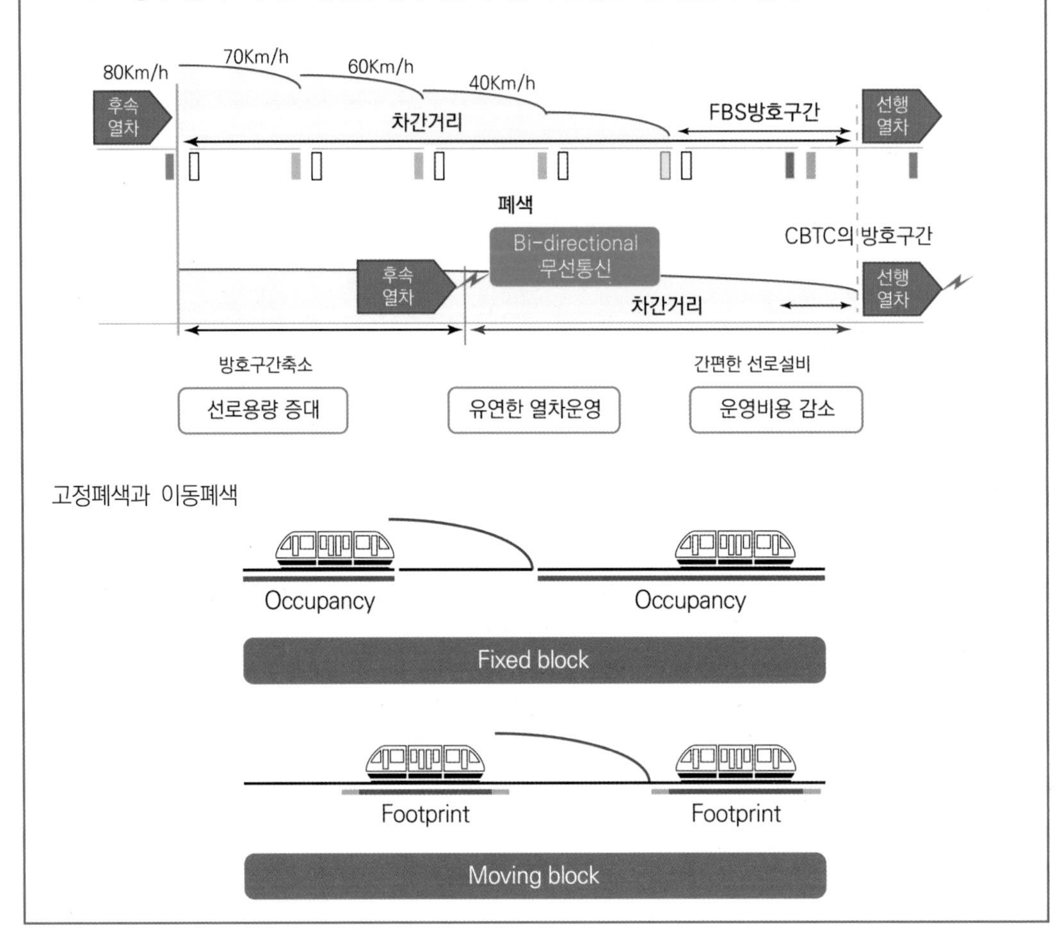

[폐색구간]

폐색구간에는 무조건 딱! 1대의 열차만 들어갈 수 있고, 어떤 열차가 특정 폐색구간을 통과하면, 그 열차의 뒤쪽에 있는 폐색구간에도 열차가 들어올 수가 없게 신호기가 빨간 등을 켜게 된다.

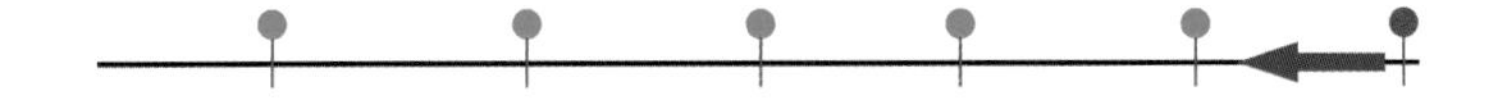

〈학습자료〉 폐색장치의 종류

고정폐색장치(FBX : Fixed Block System)
역과 역 사이를 1개 구역(폐색)으로 분할하고 역 사이에 1개 열차만 운행할 수 있는 신호장치(초기폐색장치)

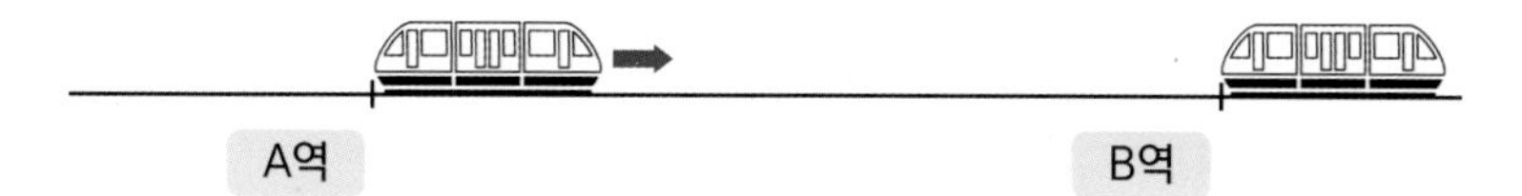

자동폐색장치(ABS : Automatic Block System)
역과 역 사이를 다수구역(폐색)으로 분할하고 구역마다 설치된 신호기가 자동적으로 속도를 지시하여 열차 운행 밀도가 향상된 신호장치

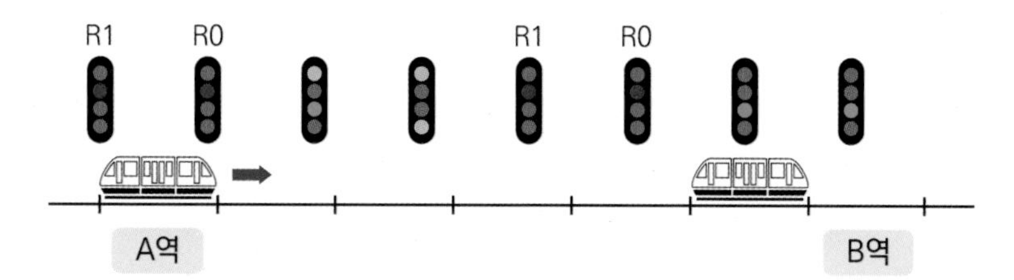

이동폐색장치(MBS : Moving Block System)
역과 역 사이를 구역으로 분할하지 않고 선행열차와 후속열차가 상호위치 등 운행정보를 송수신하여 후속열차가 선행열차를 최대한 접근 가능토록 하여 고밀도운전이 가능한 신호장치

예제 **다음 중 상용폐색방식과 대용폐색방식에 의할 수 없을 때 시행하는 폐색방식으로 맞는 것은?**

가. 통신식
나. 연동폐색식
다. 지령식
라. 무폐색운전

해설 도시철도운전규칙 제51조(폐색방식의 구분) 제1항: 폐색방식에 따를 수 없을 때에는 전령법에 따르거나 무폐색 운전을 한다.

제2절 상용폐색방식

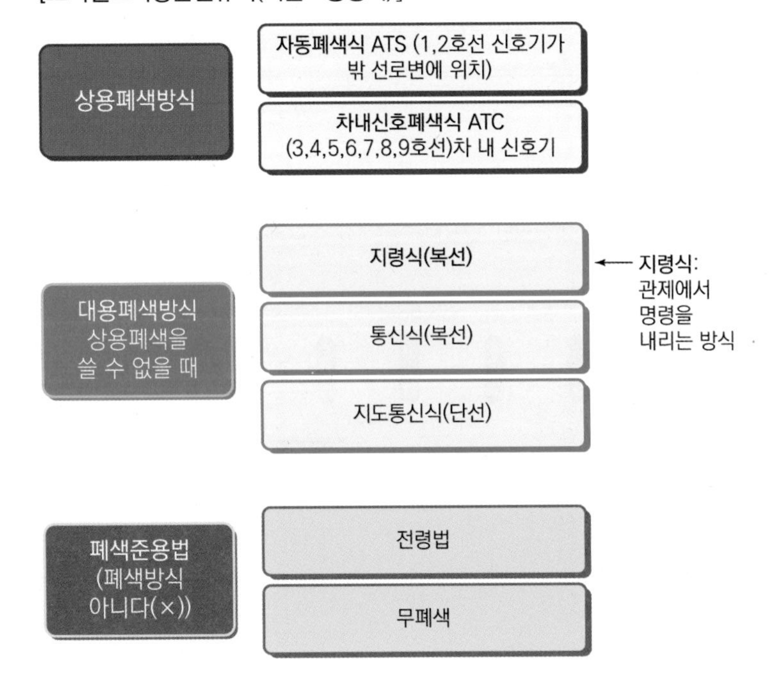

제52조(상용폐색방식)

상용폐색방식은 자동폐색식 또는 차내신호폐색식에 따른다.

예제 상용폐색방식은 [ ] 또는 [ ]에 따른다.

정답 자동폐색식, 차내신호폐색식

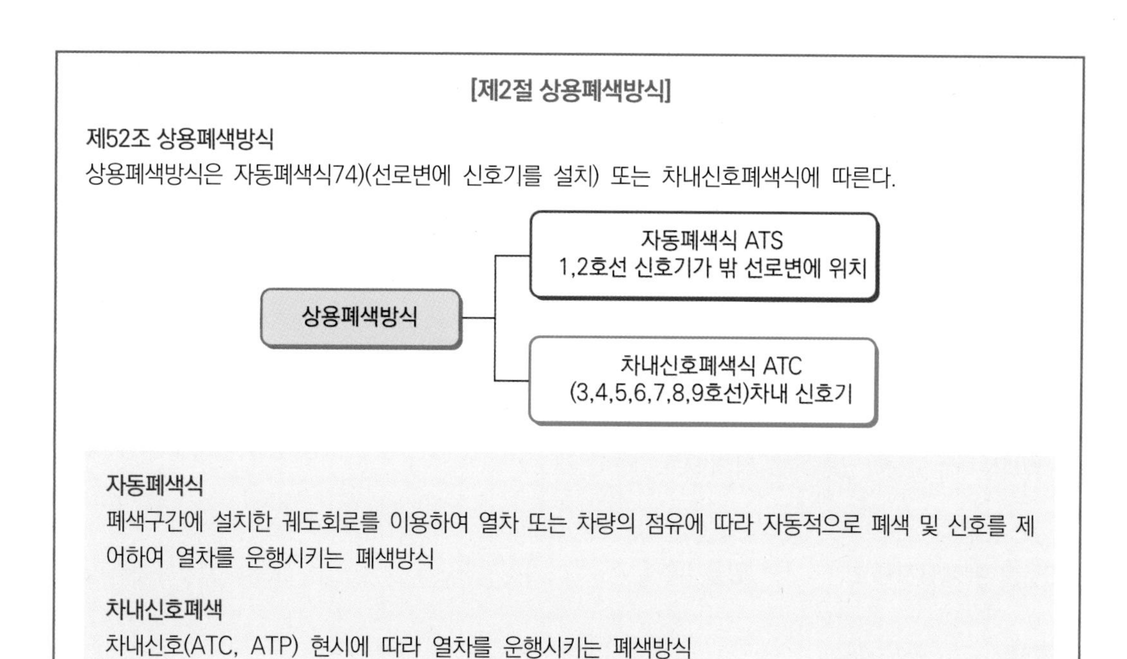

[제2절 상용폐색방식]

제52조 상용폐색방식

상용폐색방식은 자동폐색식74)(선로변에 신호기를 설치) 또는 차내신호폐색식에 따른다.

자동폐색식

폐색구간에 설치한 궤도회로를 이용하여 열차 또는 차량의 점유에 따라 자동적으로 폐색 및 신호를 제어하여 열차를 운행시키는 폐색방식

차내신호폐색

차내신호(ATC, ATP) 현시에 따라 열차를 운행시키는 폐색방식

예제 **다음 중 도시철도 운전규칙에서 정하는 상용폐색방식으로 맞게 짝지어진 것은?**

가. 연동폐색식, 통신식

나. 차내신호폐색식, 자동폐색식

다. 지도통신식, 차내신호폐색식

라. 통신식, 지령식

해설 도시철도운전규칙 제52조(상용폐색방식) 상용폐색방식은 자동폐색식 또는 차내신호폐색식에 따른다.

제53조(자동폐색식(ATS구간에 사용))

자동폐색구간의 장내신호기, 출발신호기 및 폐색신호기에는 다음 각 호의 구분에 따른 신호를 할 수 있는 장치를 갖추어야 한다.

1. **폐색구간에 열차 등이 있을 때:** 정지신호

예제 **폐색구간에 열차 등이 있을 때: [ ]**

정답 정지신호

2. 폐색구간에 있는 선로전환기가 올바른 방향으로 되어 있지 아니할 때 또는 분기선 및 교차점에 있는 다른 열차 등 이 폐색구간에 지장을 줄 때: 정지신호

예제 폐색구간에 있는 [　　　　]가 올바른 방향으로 되어 있지 아니할 때 또는 [　　　　] 및 [　　　　]에 있는 다른 열차 등 이 폐색구간에 [　　　]을 줄 때: [　　　　]

정답 선로전환기, 분기선, 교차점, 지장, 정지신호

3. 폐색장치에 고장이 있을 때: 정지신호

예제 폐색장치에 [　　　]이 있을 때: [　　　　　]

정답 고장, 정지신호

[제53조 자동폐색식]

자동폐색구간의 장내신호기, 출발신호기 및 폐색신호기에는 다음 각 호의 구분에 따른 신호를 할 수 있는 장치를 갖추어야 한다.

1. 폐색구간에 열차 등이 있을 때: 정지신호
2. 폐색구간에 있는 선로전환기가 올바른 방향으로 되어 있지 아니할 때 또는 분기선 및 교차점에 있는 다른 열차 등이 폐색구간에 지장을 줄 때: 정지신호
3. 폐색장치에 고장이 있을 때: 정지신호

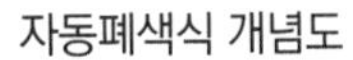

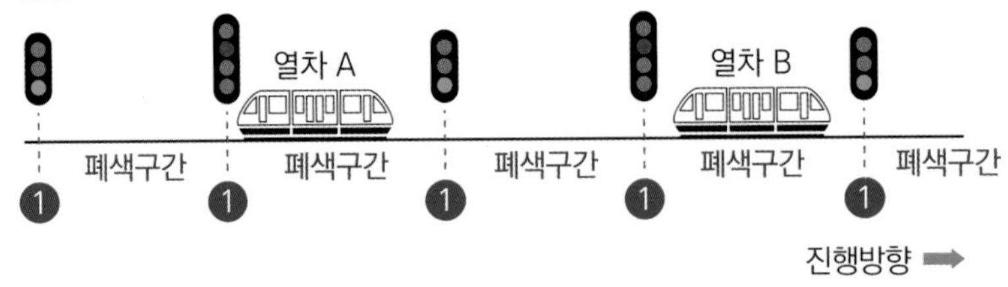

〈학습코너〉 철도차량운전규칙(KORAIL): 자동폐색장치의 구비조건

1. 폐색구간에 열차 또는 차량이 있을 때 → 자동으로 정지신호
2. 폐색구간에 있는 선로전환기가 정당한 방향으로 개통되지 아니한 때 또는 분기선 및 교차점에 있는 차량이 폐색구간에 지장을 줄 때에는 → 정지신호
3. 폐색장치에 고장이 있을 때에는 → 정지신호
4. 단선구간에 있어서는 하나의 방향에 대하여 진행을 지시하는 신호를 현시한 때에는 그 반대방향의 신호기는 자동으로 정지신호

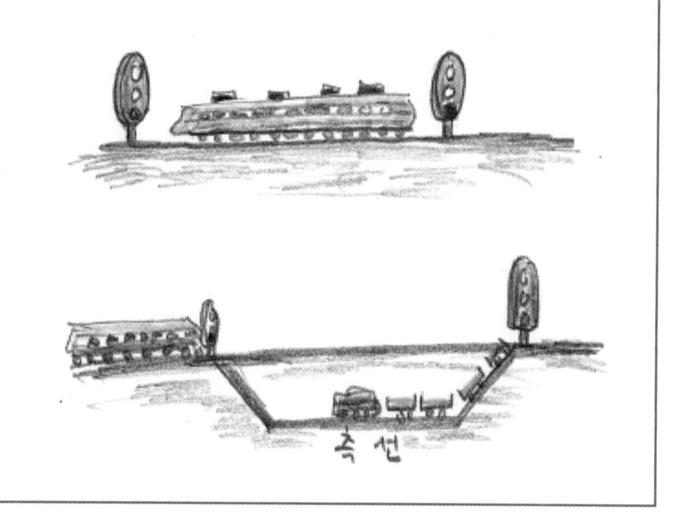

[자동폐색식이란? (ATS구간에 사용)]

– 자동폐색식(Automatic Block System, ABS)은 폐색구간 내에 있는 궤도회로상의 열차 유무를 검지하여 폐색신호기를 자동으로 제어하는 방식이다.

– 복선구간과 단선구간 모두 사용이 되며 제어 방식이 다르다. 복선구간에서는 열차 방향이 일정하기 때문에 대향 열차에 대해서는 고려하지 않으며 후속열차에 대해서만 신호를 제어한다.

– 단선구간에서는 대향 열차와의 안전을 유지하기 위하여 방향쇄정회로를 설치하여 이를 취급하지 않을 때의 모든 폐색신호기는 정지신호를 현시하고 취급하면 취급방향의 폐색신호기를 진행으로, 반대방향의 폐색신호기를 정지로 현시하게 한다.

– 신호와 폐색이 일원화되어 있기 때문에 인위적인 조작이 불가능하다. 자동폐색장치의 효과는 세 가지로 분류할 수 있는데 첫 번째로 열차 운행횟수를 증가시킬 수 있으며, 두 번째로 열차의 안전도가 향상되고 세 번째로 열차를 합리적으로 운용할 수 있다.

[자동폐색장치의 효과]

① 열차운행회수를 증가시킬 수 있다.
② 열차의 안전도를 향상시킬 수 있다.
③ 열차를 합리적으로 운용할 수 있다.

[자동폐색식]

ATS 장치(지산신호방식 1,2호선): 점제어방식

신호현시와는 무관하게 제한속도를 3초 이상 초과 시는 비상제동 체결로 자동제어되어 안전사고를 미연에 방지하는 장치

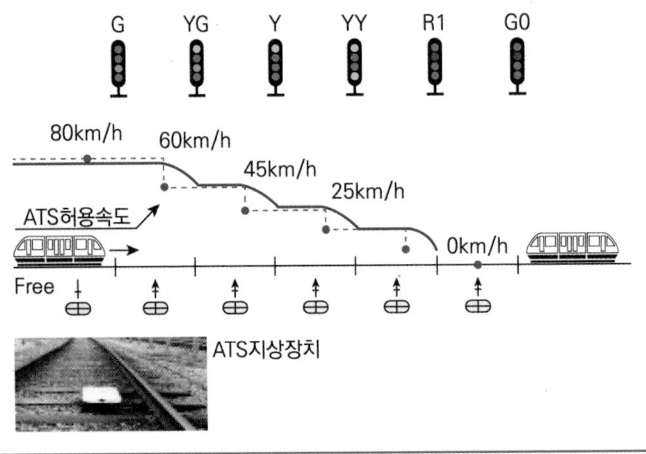

[제54조 차내신호폐색식]

차내신호폐색식에 따르려는 경우에는 폐색구간에 있는 열차 등의 운전상태를 그 폐색구간에 진입하려는 열차의 운전실에서 알 수 있는 장치를 갖추어야 한다.

지시속도가 "0"이 될 때 STOP이 들어온다!!!

수도권 전철 4호선 ATC 동작 - YouTube

예제 **자동폐색구간의 장내·출발·폐색신호기가 정지신호를 현시할 수 있는 경우가 아닌 것은?**

가. 폐색구간에 있는 선로전환기가 올바른 방향으로 되어 있지 아니할 때

나. 분기선 및 교차점에 있는 다른 열차 등이 폐색구간에 지장을 줄 경우

다. 폐색장치에 고장이 있을 때에는 정지신호를 현시할 것

라. 인접선 열차에 의한 진로지장이 있을 때

해설 도시철도운전규칙 제53조(자동폐색식): '인접선 열차에 의한 진로지장이 있을 때'는 정지신호를 현시할 수 있는 경우가 아니다.

예제 **다음 중 자동폐색구간의 장내·출발·폐색신호기가 갖추어야 할 장치의 조건으로 맞는 것은?**

가. 폐색구간에 열차 등이 있을 때에는 정지신호를 할 것

나. 폐색장치에 고장이 있을 때에는 신호를 소등할 것

다. 폐색구간에 있는 선로전환기가 정당한 방향으로 되어 있지 않을 때는 소등할 것

라. 폐색구간에 있는 분기선 및 교차점에 있는 다른 열차 등이 폐색구간에 지장을 줄 경우에는 소등할 것

해설 도시철도운전규칙 제53조(자동폐색식) 자동폐색구간의 장내신호기, 출발신호기 및 폐색신호기에는 다음 각 호의 구분에 따른 신호를 할 수 있는 장치를 갖추어야 한다.

1. 폐색구간에 열차 등이 있을 때: 정지신호
2. 폐색구간에 있는 선로전환기가 올바른 방향으로 되어 있지 아니할 때 또는 분기선 및 교차점에 있는 다른 열차 등이 폐색구간에 지장을 줄 때: 정지신호
3. 폐색장치에 고장이 있을 때: 정지신호

제54조(차내신호폐색식(ATC구간에 사용))

차내신호폐색식에 따르려는 경우에는 폐색구간에 있는 열차 등의 운전상태를 그 폐색구간에 진입하려는 열차의 운전실에서 알 수 있는 장치를 갖추어야 한다.

예제 **차내신호폐색식에 따르려는 경우에는 [ ]에 있는 열차 등의 [ ]를 그 [ ]에 진입하려는 열차의 [ ]에서 알 수 있는 [ ]를 갖추어야 한다.**

정답 폐색구간, 운전상태, 폐색구간, 운전실, 장치

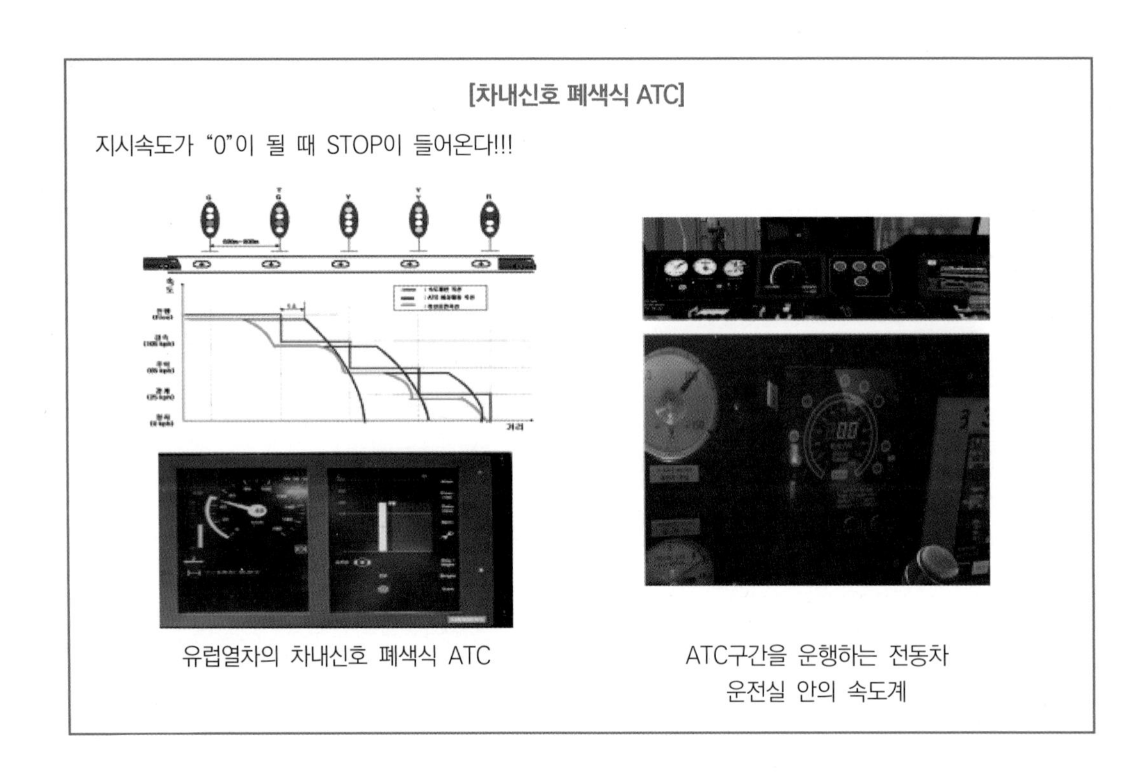

[차내신호 폐색식 ATC]

지시속도가 “0”이 될 때 STOP이 들어온다!!!

유럽열차의 차내신호 폐색식 ATC

ATC구간을 운행하는 전동차 운전실 안의 속도계

[ATC 차내신호의 구성(구간별로 제한속도를 정해준다)]

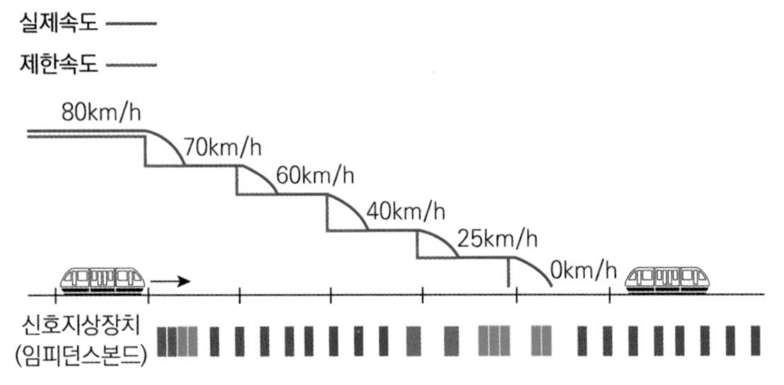

※ 서울교통공사 - 차상신호의 구성_구간별로 제한속도를 정해준다

[차내신호폐색이란? (ATC구간에 사용)]

- 차내신호폐색식(Cab Signal Block System)은 자동폐색식 조건의 신호를 차내 신호로 ADU(차내신호기)를 통해 기관사에게 현시하는 폐색 방식이다.
- 주로 열차자동운전장치(ATC) 구간에서 사용된다.
- 앞 열차와의 간격 및 진로의 조건에 따라 차내에 열차운전의 허용 지시 속도를 나타내고 그 지시 속도보다 낮은 속도로 열차의 속도를 제한하면서 열차를 운행할 수 있도록 한다.
- 차내신호의 지시속도를 초과 운전하거나 정지 신호가 있을 때, 혹은 ATC자동장치가 고장났을 때 자동으로 제동장치가 작동하여 자동으로 열차가 허용 지시 속도 이하로 감속하거나 비상 정차하는 특성이 있으며 복선구간에서만 사용된다.

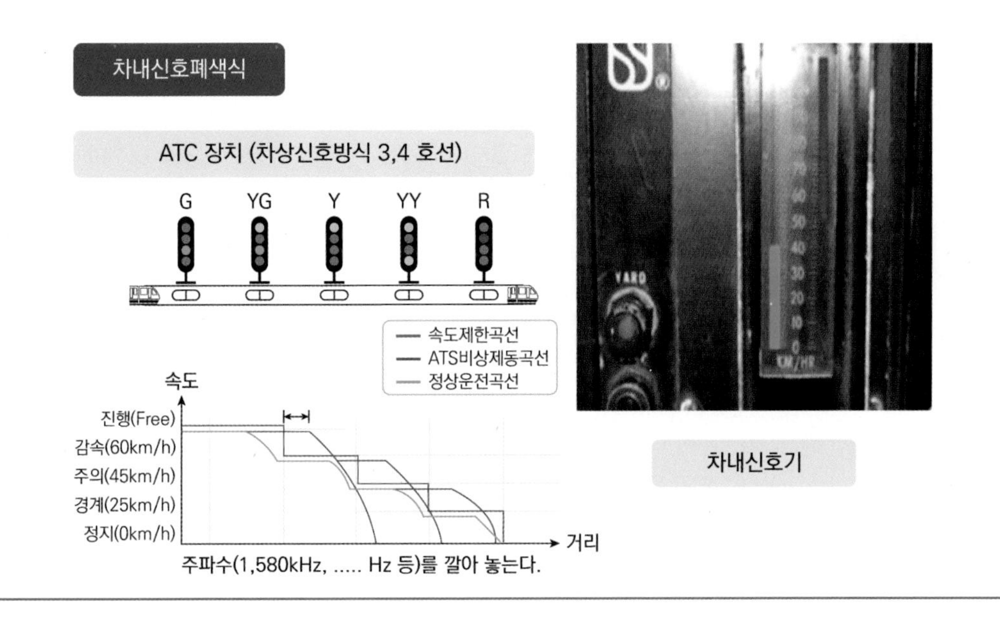

예제 **다음 중 폐색구간에 있는 열차 등의 운전상태를 그 폐색구간에 진입하려는 열차의 운전실에서 알 수 있는 장치를 구비해야 운전이 가능한 폐색방식으로 맞는 것은?**

가. 자동폐색식 **나. 차내신호폐색식**

다. 지도통신식 라. 통표폐색식

해설 도시철도운전규칙 제54조(차내신호폐색식) : 차내신호폐색식에 따르려는 경우에는 폐색구간에 있는 열차 등의 운전상태를 그 폐색구간에 진입하려는 열차의 운전실에서 알 수 있는 장치를 갖추어야 한다.

예제 **다음 중 폐색에 관한 설명으로 틀린 것은?**

가. 열차를 운전하는 경우의 폐색방식은 일상적으로 사용하는 상용폐색방식과 폐색장치의 고장 그 밖의 사유로 상용폐색방식에 따를 수 없을 때 사용하는 대용폐색방식에 따른다.

나. 상용폐색방식이나 대용폐색방식으로 열차를 운전할 수 없는 경우 전령법 또는 무폐색운전을 한다.

다. 자동폐색식에 따르려는 경우에는 폐색구간에 있는 열차 등의 운전상태를 그 폐색구간에 진입하려는 열차의 운전실에서 알 수 있는 장치를 갖추어야 한다.

라. 폐색이란 일정 구간에 동시에 2 이상의 열차를 운전시키지 아니하기 위하여 그 구간을 하나의 열차의 운전에만 전용하는 것을 말한다.

해설 도시철도운전규칙 제54조(차내신호폐색식): **차내신호폐색식**에 따르려는 경우에는 폐색구간에 있는 열차 등의 운전상태를 그 폐색구간에 진입하려는 열차의 운전실에서 알 수 있는 장치를 갖추어야 한다.

제3절 대용폐색방식

제55조(대용폐색방식)

대용폐색방식은 다음 각 호의 구분에 따른다.

1. 복선운전을 하는 경우: 지령식 또는 통신식
2. 단선운전을 하는 경우: 지도통신식

예제 **대용폐색방식은 다음 각 호의 구분에 따른다.**

1. 복선운전을 하는 경우: [ ] 또는 [ ]
2. 단선운전을 하는 경우: [ ]

정답 지령식, 통신식, 지도통신식

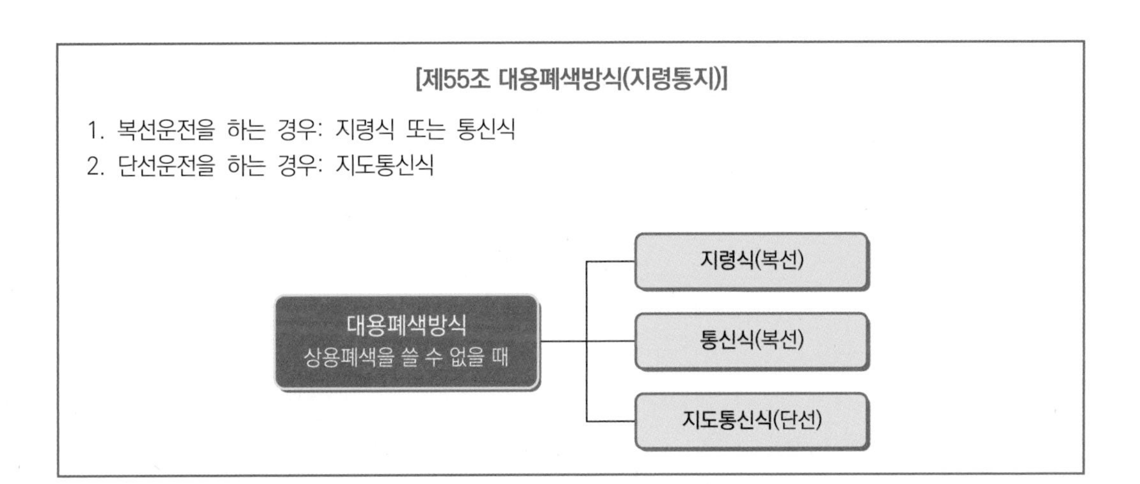

[제55조 대용폐색방식(지령통지)]

1. 복선운전을 하는 경우: 지령식 또는 통신식
2. 단선운전을 하는 경우: 지도통신식

[지령식]

지령식은 열차집중제어장치(CTC)구간의 차내신호폐색식을 적용하는 구간에서 차내신호폐색식에 의하지 못하는 경우 관제사의 통제 하에 대용폐색방식 중 우선적으로 적용되는 방식이다.

[통신식]

관제사의 승인에 따라 폐색구간의 양쪽 역의 승강장에서 운전취급자가 확인하고, 두 역이 폐색 전용 전화기를 이용하여 다른 열차가 없음을 확인한 후 열차를 이동시킨다.

[지도통신식]

단선 구간에서 시행하는 대용폐색방식이다.
관제사의 승인에 따라 폐색구간의 양쪽 역에서 역장이 전화기를 이용하여 다른 열차가 없음을 확인한 후 진입하는 열차가 하나일 때는 지도표, 어느 한쪽 방향으로 운행하는 열차가 둘 이상일 경우에는 마지막 열차에 지도표를, 나머지 열차에는 지도권을 발행한다.

[지도통신식(서울교통공사, KORAIL)]

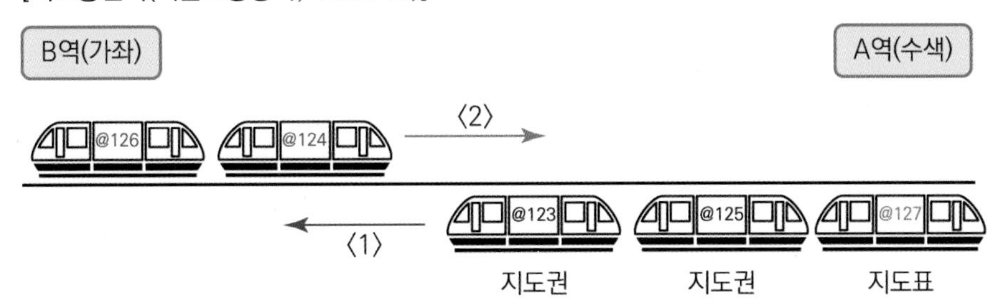

[지도통신식]

한 방향으로 더 많은 열차를 보낼 수 있는 장점이 있다.

A역에서 B역으로 123 125 127 열차가 있고 B역에서 A역으로 124 126 열차가 있다고 가정하면

1. 123 125 열차는 지도권을 가지고, 127 열차는 지도표를 가지고 B역 방향으로 온다.
2. 127 열차를 통해 지도표가 B역에 도착하면 "역장님! 이 차가 마지막차에요. 지도표 여기 있어요. 받으세요" 그러면 B역장은 "아 이제 모든 열차가 다 왔구나!! 이제 A역 쪽으로 열차를 보내도 좋다"

※ 지도통신식은 지도식에 비해 많은 열차를 보낼 수 있다.

@123 @125

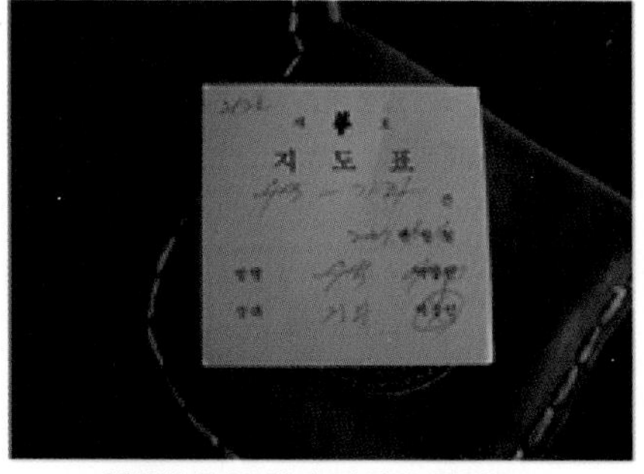

"역장님! 이 차가 마지막 차에요.
지도표 여기 있어요.
받으세요."

예제 **다음 중 대용폐색방식에서 사용하는 폐색방식이 아닌 것은?**

가. 지령식
나. 전령법
다. 통신식
라. 지도통신식

해설 도시철도운전규칙 제55조(대용폐색방식)

- 제1호 복선운전을 하는 경우: 지령식 또는 통신식
- 제2호 단선운전을 하는 경우: 지도통신식

※ 전령법: 더 이상 상용,대용폐색방식을 적용할 수 없는 구간을 운전하는 열차에 전령자를 동승시켜 폐색에 준하는 폐색방식을 시행하여 해당 구간의 열차를 운행시키는 방식의 폐색법으로 전령법이라고도 한다. 이때 열차에는 백색 완장을 착용한 전령자가 탑승한다.

예제 **다음 중 단선운전에서 시행하는 대용폐색방식은?**

가. 통신식　　　　　　　　　　　　　　**나. 지도통신식**

다. 지령식　　　　　　　　　　　　　　라. 전령법

해설 제55조(대용폐색방식) 대용폐색방식은 다음 각 호의 구분에 따른다.

1. 복선운전을 하는 경우: 지령식 또는 통신식
2. 단선운전을 하는 경우: 지도통신식

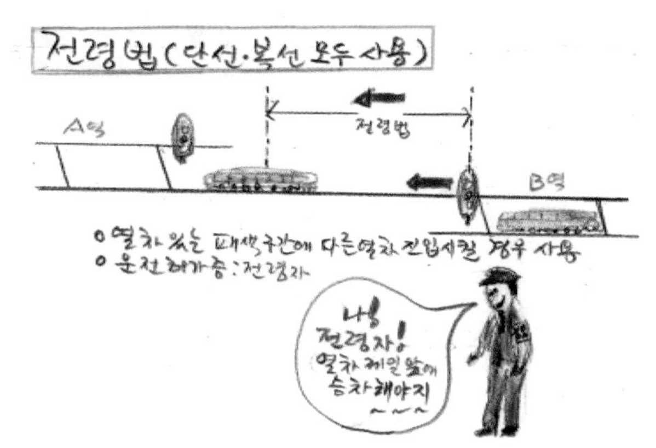

예제 **다음 중 대용폐색방식에서 사용하는 폐색방식이 아닌 것은?**

가. 통신식　　　　　　　　　　　　　　나. 지도통신식

다. 지령식　　　　　　　　　　　　　　**라. 자동폐색식**

해설 도시철도운전규칙 제55조(대용폐색방식) 대용폐색방식은 다음 각 호의 구분에 따른다.

1. 복선운전을 하는 경우: 지령식 또는 통신식
2. 단선운전을 하는 경우: 지도통신식

제56조 지령식 및 통신식

[지령식]
- 1명: 관제사 혼자서 한다. 누구에게? 기관사에게
- 폐색장치 및 차내신호장치의 고장시

[통신식]
- 3명: 역장(저쪽 역장), 소장(이쪽 역장), 관제사 간의 통신
- 상용폐색방식 또는 지령식에 따를 수 없을 때에는 통신식에 따른다.

관제사가 궤도회로를 통해 해당 구간의 열차, 차량 없음을 확인 후 → 열차무선전화기로 기관사에게 명령!!!!!

① 폐색장치 및 차내신호장치의 고장으로 열차의 정상적인 운전이 불가능할 때에는 관제사가 폐색구간에 열차의 진입을 지시하는 지령식에 따른다.

예제 **폐색장치 및 [   ]의 고장으로 열차의 [   ]이 불가능할 때에는 [   ]가 [   ]에 열차의 진입을 지시하는 [   ]에 따른다.**

정답 차내신호장치, 정상적인 운전, 관제사, 폐색구간, 지령식

② 상용폐색방식 또는 지령식에 따를 수 없을 때에는 폐색구간에 열차를 진입시키려는 역장 또는 소장이 상대 역장 또는 소장 및 관제사와 협의하여 폐색구간에 열차의 진입을 지시하는 통신식에 따른다.

예제 **상용폐색방식 또는 [   ]에 따를 수 없을 때에는 [   ]에 열차를 진입시키려는 역장 또는 소장이 [   ] 또는 소장 및 [   ]와 협의하여 폐색구간에 열차의 진입을 지시하는 [   ]에 따른다.**

정답 지령식, 폐색구간, 상대 역장, 관제사, 통신식

③ 제1항 또는 제2항에 따른 지령식 또는 통신식에 따르는 경우에는 관제사 및 폐색구간 양쪽의 역장 또는 소장은 전용전화기를 설치·운용하여야 한다. 다만, 부득이한 사유로 전용전화기를 설치할 수 없거나 전용전화기에 고장이 발생하였을 때에는 다른 전화기를 이용할 수 있다.

예제 **지령식 또는 통신식에 따르는 경우에는 [ ] 및 폐색구간 [ ]은 전용전화기를 설치·운용하여야 한다.**

정답 관제사, 양쪽의 역장 또는 소장

> **지령식**
> 지령식은 열차집중제어장치(CTC)구간의 차내신호폐색식을 적용하는 구간에서 차내신호폐색식에 의하지 못하는 경우 관제사의 통제 하에 대용폐색방식 중 우선적으로 적용되는 방식이다.
>
> **통신식**
> 관제사의 승인에 따라 폐색구간의 양쪽 역의 승강장에서 운전취급자가 확인하고, 두 역이 폐색 전용 전화기를 이용하여 다른 열차가 없음을 확인한 후 열차를 이동시킨다.
>
> **지도통신식**
> 단선 구간에서 시행하는 대용폐색방식이다.
> 관제사의 승인에 따라 폐색구간의 양쪽 역에서 역장이 전화기를 이용하여 다른 열차가 없음을 서로 확인한 후 진입하는 열차가 하나일 때는 지도표, 어느 한쪽 방향으로 운행하는 열차가 둘 이상일 경우에는 마지막 열차에 지도표를, 나머지 열차에는 지도권을 발행한다.

> **[제56조 지령식 및 통신식]**
>
> ① 지령식: 폐색장치 및 차내신호장치의 고장으로 열차의 정상적인 운전이 불가능할 때에는 관제사가 폐색구간에 열차의 진입을 지시하는 지령식에 따른다.(이 차한테는 "천천히 가시오", 저 차한테는 "빨리 가시오")
> ② 통신식: 상용폐색방식 또는 지령식에 따를 수 없을 때에는 폐색구간에 열차를 진입시키려는 역장 또는 소장이 상대 역장 또는 소장 및 관제사와 협의하여 폐색구간에 열차의 진입을 지시.
> ※ 지령식 또는 통신식에 따르는 경우에는 관제사 및 폐색구간 양쪽 또는 소장은 전용전화기를 설치·운용

하여야 한다. 다만, 부득이한 사유로 전용전화기를 설치할 수 없거나 전용전화기에 고장이 발생하였을 때에는 다른 전화기를 이용할 수 있다.

예제 다음 중 보기의 내용이 설명하는 운전방식으로 맞는 것은?

'상용폐색방식 또는 지령식에 따를 수 없을 때에는 폐색구간에 열차를 진입시키려는 역장 또는 소장이 상대 역장 또는 소장 및 관제사와 협의하여 폐색구간 에 열차의 진입을 지시하는 운전방식'

가. 지도식
나. 통신식
다. 지도통신식
라. 전령법

해설 도시철도운전규칙 제56조(지령식 및 통신식) 제2항: 상용폐색방식 또는 지령식에 따를 수 없을 때에는 폐색구간에 열차를 진입시키려는 역장 또는 소장이 상대 역장 또는 소장 및 관제사와 협의하여 폐색구간에 열차의 진입을 지시하는 통신식에 따른다.

제57조(지도통신식)

① 지도통신식에 따르는 경우에는 지도표 또는 지도권을 발급받은 열차만 해당 폐색구간을 운전할 수 있다.

예제 지도통신식에 따르는 경우에는 [ ] 또는 [ ]을 발급받은 열차만 해당 [ ]을 [ ]할 수 있다.

정답 지도표, 지도권, 폐색구간, 운전

② 지도표와 지도권은 폐색구간에 열차를 진입시키려는 역장 또는 소장이 상대 역장 또는 소장 및 관제사와 협의하여 발행한다.

예제 지도표와 지도권은 [ ]에 열차를 [ ]시키려는 역장 또는 소장이 [ ] 또는 [ ] 및 [ ]와 협의하여 [ ]한다.

정답 폐색구간, 진입, 상대 역장, 소장, 관제사, 발행

③ 역장이나 소장은 같은 방향의 폐색구간으로 진입시키려는 열차가 하나뿐인 경우에는 지도표를 발급하고, 연속하여 둘 이상의 열차를 같은 방향의 폐색구간으로 진입시키려는 경우에는 맨 마지막 열차에 대해서는 지도표를, 나머지 열차에 대해서는 지도권을 발급한다.

④ 지도표와 지도권에는 폐색구간 양쪽의 역 이름 또는 소(所) 이름, 관제사, 명령번호, 열차번호 및 발행일과 시각을 적어야 한다.

예제 **지도표와 지도권에는 폐색구간 양쪽의 [ ] 또는 소(所) 이름, [ ], [ ], [ ] 및 [ ]을 적어야 한다.**

정답 역 이름, 관제사, 명령번호, 열차번호, 발행일과 시각

[지도표와 지도권에 기록되는 사항]

1. 양쪽의 역 이름 또는 소(所) 이름
2. 관제사
3. 명령번호
4. 열차번호
5. 발행일과 시각

⑤ 열차의 기관사는 제3항에 따라 발급받은 지도표 또는 지도권을 폐색구간을 통과한 후 도착지의 역장 또는 소장에게 반납하여야 한다.

[지도통신식의 시행]

① 지도통신식을 시행하는 구간(단선구간)에는 폐색구간 양끝의 정거장 또는 신호소의 통신설비를 사용하여 서로 협의한 후 시행한다.
② 지도통신식을 시행하는 경우 폐색구간 양끝의 정거장 또는 신호소가 서로 협의한 후 지도표를 발행하여야 한다.
③ 지도표는 1폐색 구간에 1매로 한다(단선일 때 주로 쓰지만, 선상에 고장차량이 발생했을 때도 사용).

[열차를 통신식 폐색구간에 진입시킬 경우의 취급(복선인 경우)]

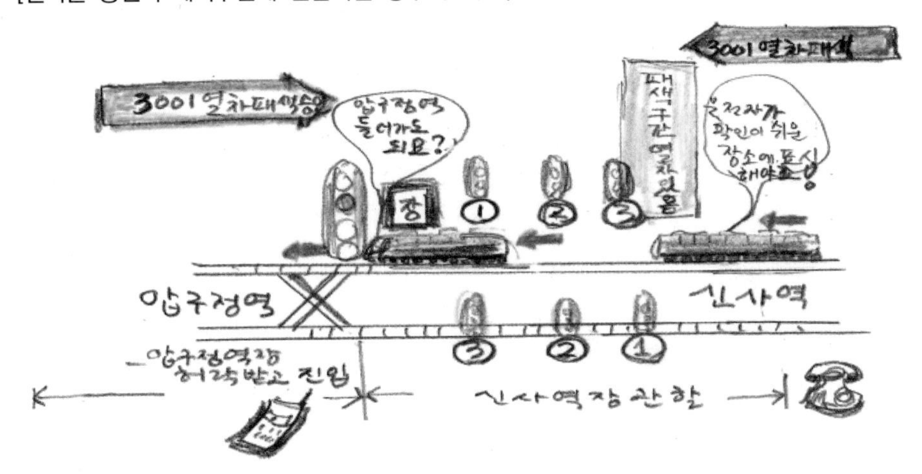

[제57조 지도통신식]

① 지도통신식에 따르는 경우에는 지도표 또는 지도권을 발급받은 열차만 해당 폐색구간을 운전한다.
② 지도표와 지도권은 폐색구간에 열차를 진입시키려는 역장 또는 소장이 상대 역장 또는 소장 및 관제사와 협의하여 발행한다.
③ 역장이나 소장은 같은 방향의 폐색구간으로 진입시키려는 열차가 하나뿐인 경우에는 지도표를 발급하고, 연속하여 둘 이상의 열차를 같은 방향의 폐색구간으로 진입시키려는 경우에는 맨 마지막 열차에 대해서는 지도표(뒤차가 없을 때)를, 나머지 열차(앞 차)에 대해서는 지도권을 발급한다.

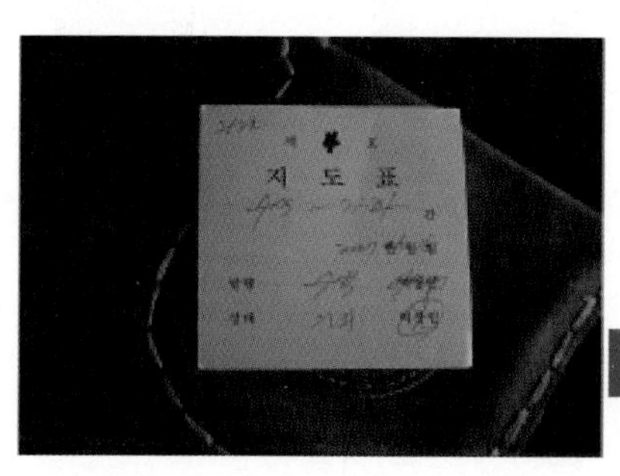

④ 지도표와 지도권에는 폐색구간 양쪽의 역 이름 또는 소(所) 이름, 관제사, 명령번호, 열차번호 및 발행일과 시각을 기록(지도권은 지도표를 토대로 만들었으므로 지도표 번호가 반드시 포함)한다.
⑤ 열차의 기관사는 제3항에 따라 발급받은 지도표 또는 지도권을 폐색구간을 통과한 후 도착지의 역장 또는 소장에게 반납하여야 한다.

지도권

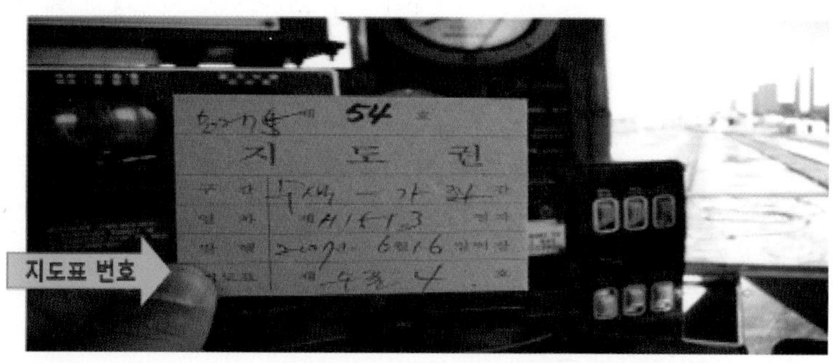

지도권은 지도표를 토대로 만들었으므로 지도표 번호가 반드시 포함

[지도통신식]

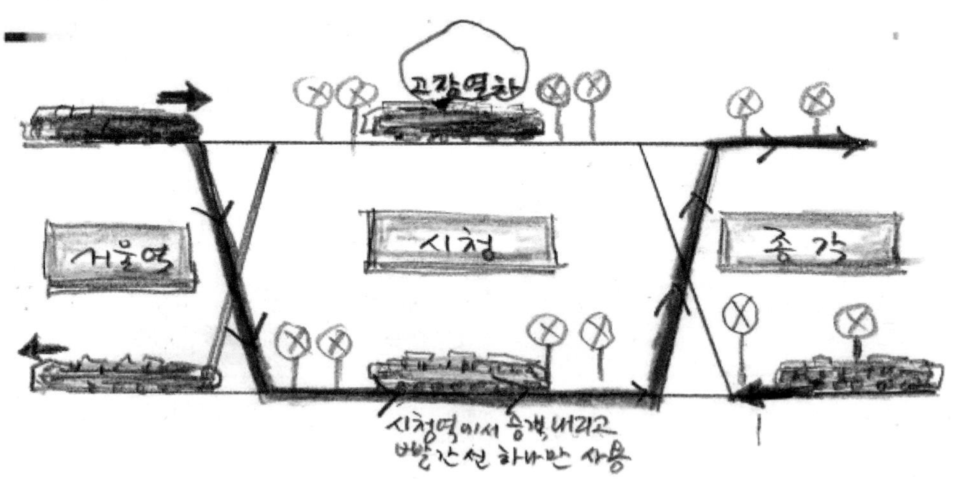

예제 **다음 중 도시철도운전규칙에서 사용하는 대용폐색방식이 아닌 것은?**

가. 지령식
나. 통신식
다. 지도통신식
라. 지도식

해설 지도식은 철도차량운전규칙에서 사용하는 대용폐색방식이다.

예제 **다음 중 도시철도운전규칙에서 사용하는 대용폐색방식이 아닌 것은?**

가. 지령식
나. 통신식
다. 지도통신식
라. 지도식

해설 지령식은 철도차량운전규칙(KORAIL)에서 사용하는 대용폐색방식이다.

[철도차량운전규칙(KORAIL)]

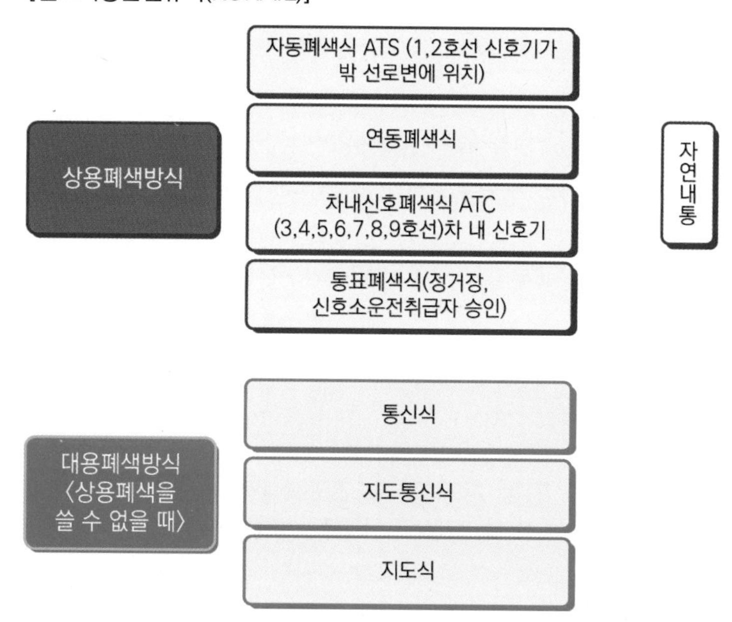

[도시철도차량운전규칙](서울교통공사)]

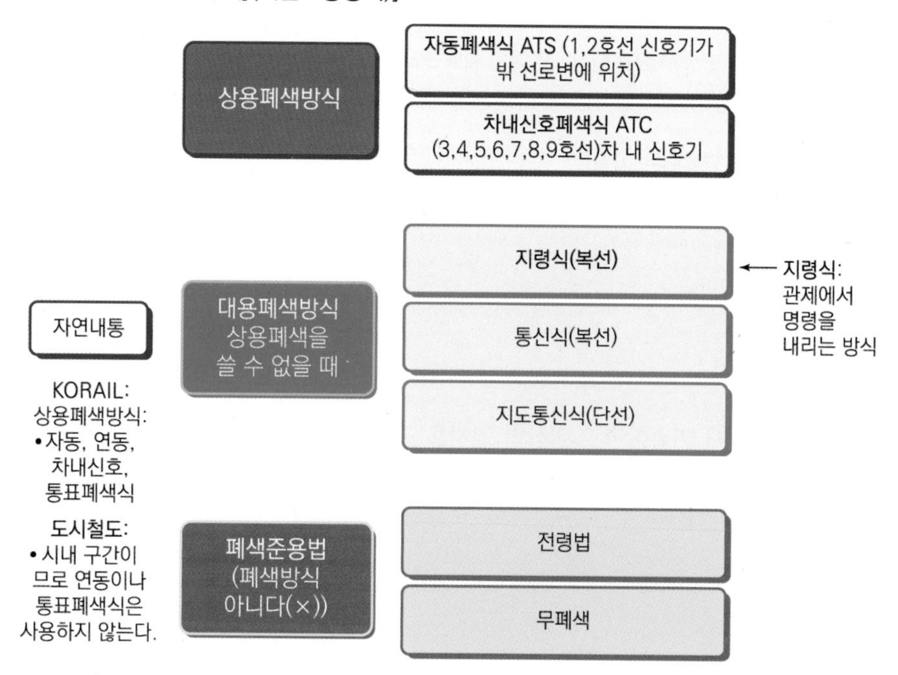

예제 **다음 중 지도통신식에 관한 설명으로 맞는 것은?**

가. 지도표와 지도권은 폐색구간에 열차를 진입시키고자 하는 역장 또는 소장이 상대 역장 또는 소장 및 관제사와 협의하여 발행한다.

나. 동일방향의 폐색구간으로 진입시키고자 하는 열차가 연속하여 2 이상의 열차를 동일방향으로 폐색구간으로 진입하고자 하는 경우에는 최후의 열차에 대 하여는 지도권을, 나머지 열차에 대 하여는 지도표를 교부한다.

다. 급할 경우에는 지도표 또는 지도권을 교부받지 않아도 역장의 지시에 의해 열차는 당해 구간을 운전할 수 있다.

라. 열차의 기관사는 교부받은 지도표 또는 지도권을 폐색구간 통과하기 직전에 도착지의 역장 또는 소장에게 반납하여야 한다.

해설 도시철도운전규칙 第57조(지도통신식) 제1항: 지도표와 지도권은 폐색구간에 열차를 진입시키고자 하는 역장 또는 소장이 상대 역장 또는 소장 및 관제사와 협의하여 발행한다.

예제 **다음 중 지도통신식 시행구간에서 지도표와 지도권의 기입사항이 아닌 것은?**

가. 양쪽의 소(所) 이름
나. 열차번호 및 발행일과 시각
다. 발행자
라. 명령번호

해설 도시철도운전규칙 第57조(지도통신식) 제4항: 지도표와 지도권에는 폐색구간 양쪽의 역 이름 또는 소(所) 이름, 관제사, 명령번호, 열차번호 및 발행일과 시각을 적어야 한다.

[지도표와 지도권에 기록되는 사항]

1. 폐색구간 양 쪽의 역 이름 또는 소(所) 이름
2. 관제사
3. 명령번호
4. 열차번호
5. 발행일과 시각

예제 **지도통신식 시행 시 연속하여 2 이상의 열차를 동일방향으로 진입시킬 때 최후부의 열차가 소지하여야 하는 것은?**

가. 지도권
나. 지도표
다. 통표
라. 전령자

해설 도시철도운전규칙 제57조(지도통신식) 제3항 역장이나 소장은 같은 방향의 폐색구간으로 진입시키려는 열차가 하나뿐인 경우에는 지도표를 발급하고, 연속하여 둘 이상의 열차를 같은 방향의 폐색구간으로 진입시키려는 경우에는 맨 마지막 열차에 대해서는 지도표를, 나머지 열차에 대해서는 지도권을 발급한다.

@123 @125

지도권

@127

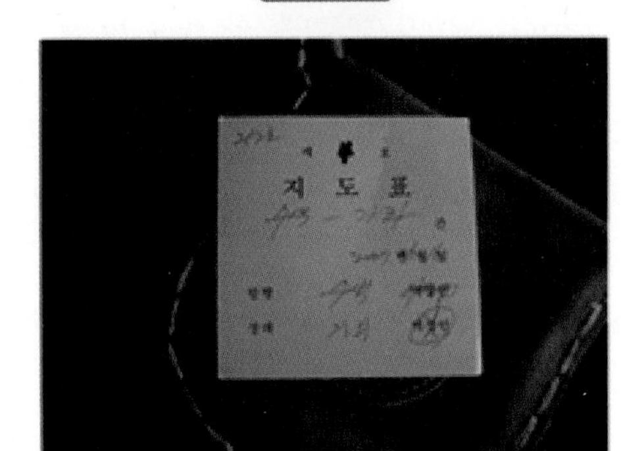

지도표 "역장님! 이 차가 마지막 차에요.
지도표 여기 있어요.
받으세요."

예제 **다음 중 지도통신식에 관한 설명으로 틀린 것은?**

가. 지도표와 지도권은 폐색구간에 열차를 진입시키려는 역장 또는 소장이 상대 역장 또는 소장 및 관제사와 협의하여 발행한다.

나. 역장이나 소장은 같은 방향의 폐색구간으로 진입시키려는 열차가 하나뿐인 경우에는 지도권을 발급하고, 연속하여 둘 이상의 열차를 같은 방향의 폐색구간으로 진입시키려는 경우에는 맨 마지막 열차에 대해서는 지도표를, 나머지 열차에 대해서는 지도권을 발급한다.

다. 지도표와 지도권에는 폐색구간 양쪽의 역 이름 또는 소(所) 이름, 관제사, 명령번호, 열차번호 및 발행일과 시각을 적어야 한다.

라. 열차의 기관사는 발급받은 지도표 또는 지도권을 폐색구간을 통과한 후 도착지의 역장 또는 소장에게 반납하여야 한다.

해설 도시철도운전규칙 제57조(지도통신식) 제3항 역장이나 소장은 같은 방향의 폐색구간으로 진입시키려는 열차가 하나뿐인 경우에는 지도표를 발급하고, 연속하여 둘 이상의 열차를 같은 방향의 폐색구간으로 진입시키려는 경우에는 맨 마지막 열차에 대해서는 지도표를, 나머지 열차에 대해서는 지도권을 발급한다.

예제 **도시철도 운전규칙에서 지도표와 지도권에 기입할 사항으로 틀린 것은?**

가. 명령번호 | 나. 관제사
다. 발행일과 시각 | **라. 사용구간**

해설 도시철도운전규칙 제57조(지도통신식): ④ 지도표와 지도권에는 폐색구간 양쪽의 역 이름 또는 소(所) 이름, 관제사, 명령번호, 열차번호 및 발행일과 시각을 적어야 한다.

제4절 전령법

제58조(전령법의 시행)

① 열차 등이 있는 폐색구간에 다른 열차를 운전시킬 때에는 그 열차에 대하여 전령법을 시행한다.

예제 **열차 등이 있는 폐색구간에 [ ]시킬 때에는 그 열차에 대하여 [ ]을 시행한다.**

정답 다른 열차를 운전, 전령법

② 전령법을 시행할 경우에는 이미 폐색구간에 있는 열차 등은 그 위치를 이동할 수 없다.

예제 **전령법을 시행할 경우에는 이미 [ ]에 있는 [ ] 등은 그 [ ]를 [ ]할 수 없다.**

정답 폐색구간, 열차, 위치, 이동

[제4절 전령법]

제58조 전령법의 시행(복선, 단선에 모두 사용)

전령법: 폐색방식(상용폐색과 대용폐색이 있음)이 아니다. 대용폐색도 못쓸 경우 전령법을 사용한다(철도차량운전규칙에서는 전령법, 격시법을 활용, 격시법은 복선에서 쓰고, 지도격시법은 단선에서 사용).

① 열차 등이 있는 폐색구간에 다른 열차를 운전시킬 때에는 그 열차에 대하여 전령법을 시행

② 전령법을 시행할 경우에는 이미 폐색구간에 있는 열차 등은 그 위치를 이동할 수 없다(상당 거리 이동 시에는 1종 방호 실시한다)(만약 이동하게 되면, 열차, 관제사, 역장에게 알려주어야 한다).

> [전령법] 고장난 차량이 있으면 고장차를 밀고 갈 때 사용
> 예컨대 앞에 공사차량 등이 존재할 때 시멘트 공급 시 따라가서 조달

예제 **전령법은 단선에서 고장난 차량이 있으면 고장차를 밀고 갈 때 사용한다.**

해설 (X) 틀림, 전령법은 단선, 복선 모두 적용한다.

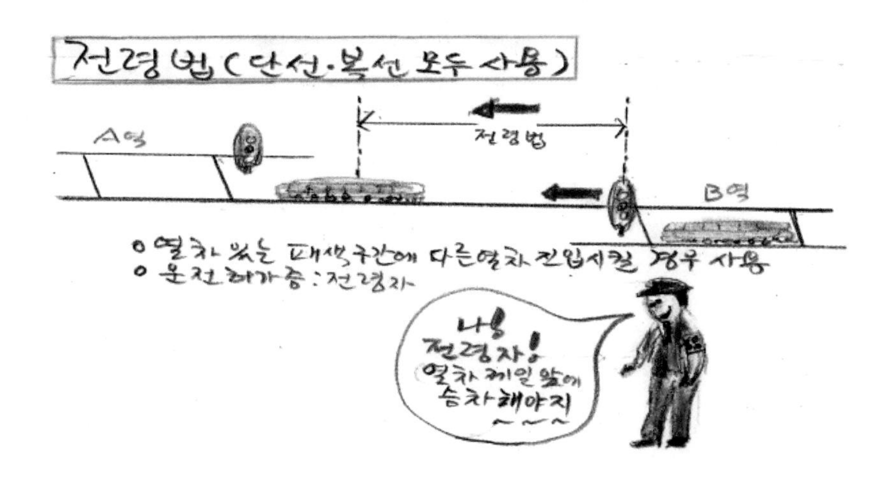

예제 다음 보기의 빈칸 안에 들어갈 폐색방식으로 알맞은 것은?

- '열차 등이 있는 폐색구간에 다른 열차를 운전시킬 때에 그 열차에 대하여 (   )을 시행한다.'
- '(   )을 시행할 경우에는 이미 폐색구간에 있는 열차 등은 그 위치를 이동할 수 없다.'

가. 통신식
나. 통표폐색식
다. 지도통신식
라. 전령법

해설 도시철도운전규칙 제58조(전령법의 시행) 제1항 열차등이 있는 폐색구간에 다른 열차를 운전시킬 때에는 그 열차에 대하여 전령법을 시행한다. 제2항 제1항에 따른 전령법을 시행할 경우에는 이미 폐색구간에 있는 열차 등은 그 위치를 이동할 수 없다.

제59조(전령자의 선정 등)

① 전령법을 시행하는 구간에는 한 명의 전령자를 선정하여야 한다.

예제 전령법을 시행하는 구간에는 [   ]의 [   ]를 선정하여야 한다.

정답 한 명, 전령자

② 제1항에 따른 전령자는 백색 완장을 착용하여야 한다.

예제 전령자는 [   ] [   ]을 착용하여야 한다.

정답 백색, 완장

③ 전령법을 시행하는 구간에서는 그 구간의 전령자가 탑승하여야 열차를 운전할 수 있다. 다만, 관제사가 취급하는 경우에는 전령자를 탑승시키지 아니할 수 있다.

예제 전령법을 시행하는 구간에서는 그 구간의 [   ]가 [   ]하여야 열차를 [   ]할 수 있다. 다만, [   ]가 취급하는 경우에는 [   ]를 [   ] 아니할 수 있다.

정답 전령자, 탑승, 운전, 관제사, 전령자, 탑승시키지

[제59조(전령자의 선정 등)]

① 전령법을 시행하는 구간에는 한 명의 전령자를 선정하여야 한다.
② 전령자는 백색 완장을 착용(붉은 글씨)
③ 전령법을 시행하는 구간에서는 그 구간의 전령자가 탑승하여야 열차를 운전할 수 있다(역장끼리 상의하여 차에 타고 전령임무 수행). 다만, 관제사가 취급하는 경우에는 전령자를 탑승시키지 아니할 수 있다(일반적으로 전령자가 차에 타고 임무수행, 그러나 구원열차 등에 대해서는 관제사가 취급하는 경우에는 전령자를 탑승시키지 아니한다).
※ 전령자: 지도표 또는 적임자와 같은 역할

전령자 선정
전령법을 시행하는 경우에는 폐색구간 양끝의 정거장 역장이 협의하여 전령자를 선정

예제 다음 중 도시철도차량운전규칙에서 사용하는 대용폐색방식이 아닌 것은?

가. 지령식 나. 통신식
다. 지도통신식 **라. 지도식**

예제 다음 중 철도차량운전규칙에서 사용하는 대용폐색방식이 아닌 것은?

가. 지령식 나. 통신식
다. 지도통신식 라. 지도식

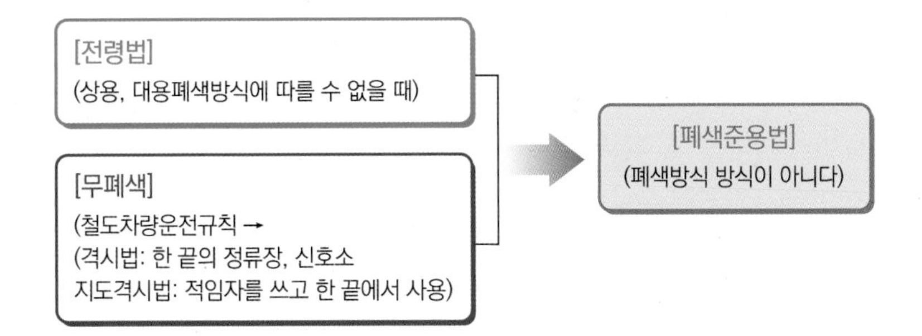

[도시철도차량운전규칙(서울교통공사)]

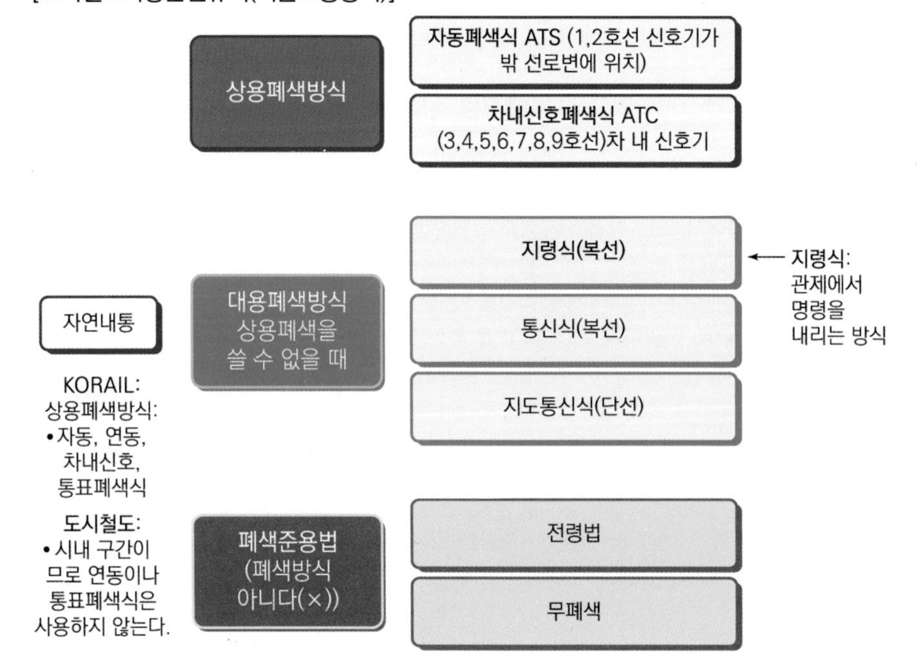

예제 다음 중 전령법에 관한 설명으로 틀린 것은?

가. 폐색구간에 열차가 있을 경우 후속열차를 운행하는 경우 시행한다.

나. 전령자는 백색 완장을 착용하여야 한다.

다. 전령법을 시행하는 구간에는 1인의 전령자를 선정하여야 한다.

라. 전령법을 시행하는 구간에서 관제사가 취급하는 경우에도 전령자를 탑승시키지 아니할 수 있다.

해설 도시철도운전규칙 제59조(전령자의 선정 등) 제3항: 폐색구간에 열차가 있을 경우 다른 열차를 운행하는 경우 시행한다.

예제 다음 중 전령법에 관한 설명으로 틀린 것은?

가. 열차 등이 있는 폐색구간에 다른 열차를 운전시킬 때 그 열차에 대하여 전령법을 시행한다.

나. 폐색구간에 있는 열차는 그 위치를 이동하여서는 아니 된다.

다. 전령법을 시행하는 구간에서는 그 구간의 전령자가 탑승하여야 열차를 운전할 수 있으며, 관제사가 취급하는 경우에도 전령자를 반드시 탑승시켜야 한다.

라. 전령자로 선정된 자는 백색의 완장을 착용해야 한다.

해설 도시철도운전규칙 제59조(전령자의 선정 등) 제3항: 전령법을 시행하는 구간에서는 그 구간의 전령자가 탑승하여야 열차를 운전할 수 있다. 다만, 관제사가 취급하는 경우에는 **전령자를 탑승시키지 아니할 수 있다.**

예제 전령법에 관한 다음 설명 중 틀린 것은?

가. 전령자는 녹색 완장을 착용하여야 한다.

나. 전령법을 시행할 경우에는 이미 폐색구간에 있는 열차 등은 그 위치를 이동할 수 없다.

다. 전령법은 시행하는 구간에는 한 명이 전령자를 선정해야 한다.

라. 열차등이 있는 폐색구간에 다른 열차를 운전시킬 때는 그 열차에 대하여 전령법을 시행한다.

해설 도시철도운전규칙 제59조(전령자의 선정 등)

제1항 전령법을 시행하는 구간에는 한 명의 전령자를 선정하여야 한다.

제2항 제1항에 따른 **전령자는 백색 완장을 착용하**여야 한다.

제3항 전령법을 시행하는 구간에서는 그 구간의 전령자가 탑승하여야 열차를 운전할 수 있다. 다만, 관제사가 취급하는 경우에는 전령자를 탑승시키지 아니할 수 있다.

예제 도시철도운전규칙에 관한 설명으로 틀린 것은?

가. 열차 등이 있는 폐색구간에 다른 열차를 운전시킬 때에는 그 열차에 대하여 전령법을 시행한다.

나. 전령자는 백색 완장을 착용하여야 한다.

다. 전령법을 시행하는 구간에는 한 명의 전령자를 선정하여야 한다.

라. 전령법을 시행하는 구간에서는 어떠한 경우라도 당해구간의 전령자가 동승하지 아니하고는 열차를 운전할 수 없다.

해설 도시철도운전규칙 제59조(전령자의 선정 등): 전령법을 시행하는 구간에서는 그 구간의 전령자가 탑승하여야 열차를 운전할 수 있다. 다만, **관제사가 취급하는 경우에는 전령자를 탑승시키지 아니할 수 있다.**

제6장

신호

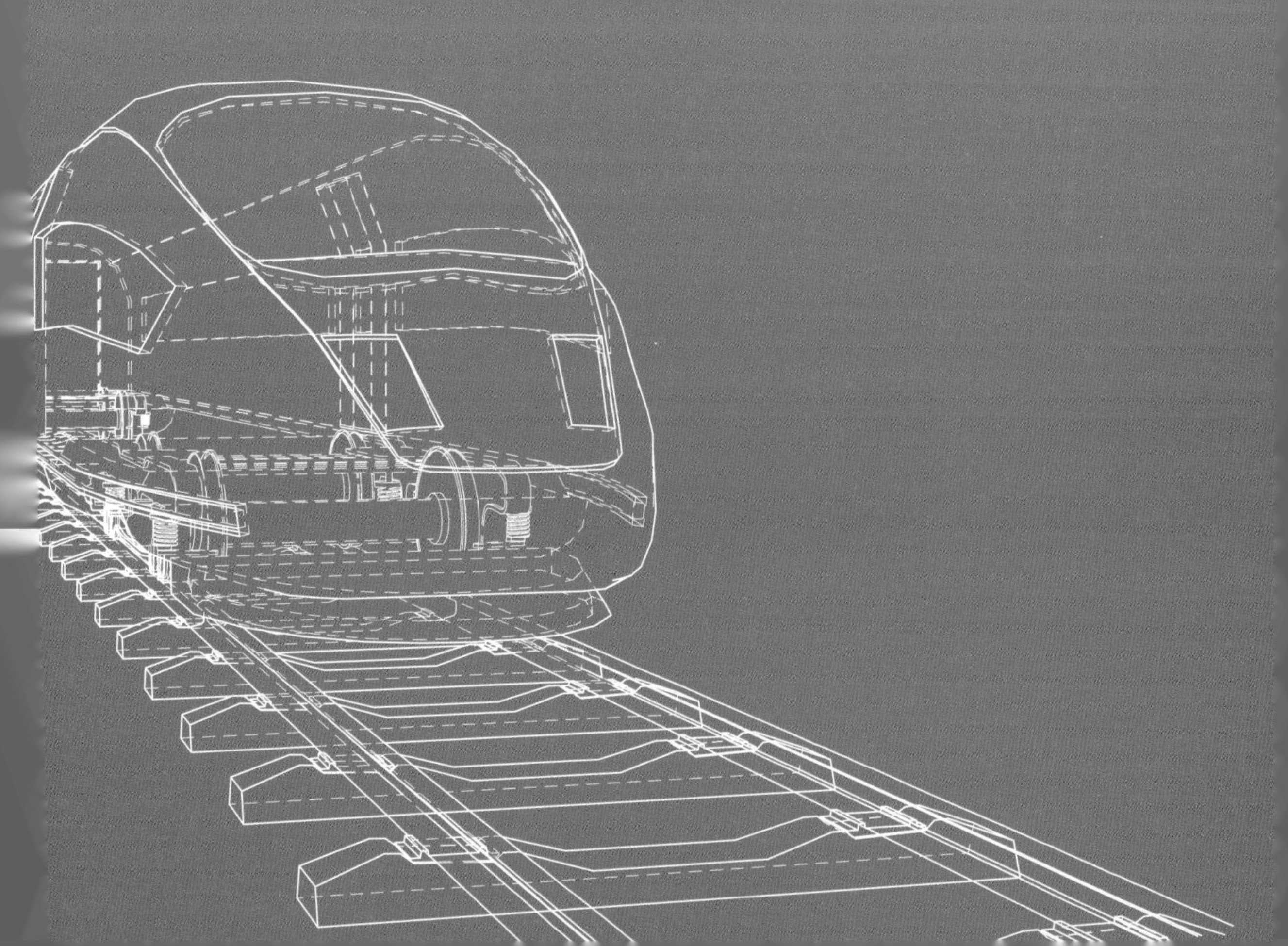

신호

제1절 통칙

제60조(신호의 종류)

도시철도의 신호의 종류는 다음 각 호와 같다.

1. 신호: 형태 · 색 · 음 등으로 열차 등에 대하여 운전의 조건을 지시하는 것

예제 신호는 [ ] · [ ] · [ ] 등으로 열차 등에 대하여 [ ]을 지시하는 것이다.

정답 형태, 색, 음, 운전의 조건

2. 전호: 형태 · 색 · 음 등으로 직원 상호간에 의사를 표시하는 것

예제 전호는 [ ] · [ ] · [ ] 등으로 [ ]에 의사를 표시하는 것이다.

정답 형태, 색, 음, 직원 상호간

3. 표지: 형태 · 색 등으로 물체의 위치 · 방향 · 조건을 표시하는 것

예제 **표지는 [ ] · [ ] 등으로 물체의 [ ] · [ ] · [ ]을 표시하는 것이다.**

정답 형태, 색, 위치, 방향, 조건

[제6장 신호]

제1절 통칙

제60조 신호의 종류

도시철도의 신호의 종류는 다음 각 호와 같다.

1. 신호: 형태 · 색 · 음 등으로 열차 등에 대하여 운전의 조건을 지시하는 것
2. 전호(傳號호): 형태 · 색 · 음 등으로 직원 상호간에 의사를 표시하는 것
3. 표지: 형태 · 색 등으로 물체의 위치 · 방향 · 조건을 표시하는 것

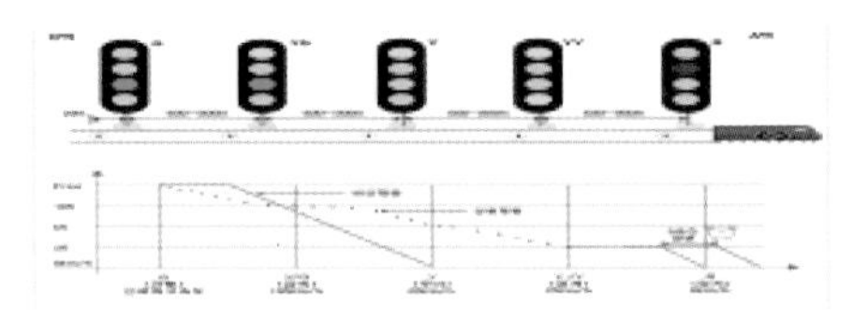

신호

전호(전호기: 빨간-서라, 위아래-가거라, 왼쪽-오너라 등)
표지(기적 울려라, 시속 90km로 가라!!)

예제 **다음 중 도시철도운전규칙상 도시철도의 신호의 종류로 맞는 것은?**

가. 전호란 형태 · 색 · 음 등으로 열차 등에 대하여 운전의 조건을 지시하는 것을 말한다.

나. 신호란 형태 · 색 등으로 물체의 위치 · 방향 · 조건을 표시하는 것을 말한다.

다. 전호란 형태 · 색 · 음 등으로 직원 상호간에 의사를 표시하는 것을 말한다.

라. 신호란 형태 · 색 · 음 등으로 직원 상호간에 의사를 표시하는 것을 말한다.

해설 도시철도운전규칙 제60조(신호의 종류) 도시철도의 신호의 종류는 다음 각 호와 같다.

1. 신호: 형태 · 색 · 음 등으로 열차등에 대하여 운전의 조건을 지시하는 것
2. 전호: 형태 · 색 · 음 등으로 **직원 상호간에 의사를 표시**하는 것
3. 표지: 형태 · 색 등으로 물체의 위치 · 방향 · 조건을 표시하는 것

예제 **다음 중 신호에 관한 설명으로 맞는 것은?**

가. 신호란 형태·색·음 등으로 물체의 위치 방향, 조건 등을 표시하는 것이다.

나. 전호란 형태·색 등으로 의사표시를 하는 것이다.

다. 표지란 형태·색·음 등으로 물체의 위치·방향·조건 등을 지시하는 것이다.

라. 신호란 형태·색·음 등으로 열차 등의 운전의 조건을 지시하는 것이다.

해설 도시철도운전규칙 제60조(신호의 종류) 도시철도의 신호의 종류는 다음 각 호와 같다.

1. 신호: 형태 · 색 · 음 등으로 열차 등에 대하여 **운전의 조건을 지시하는 것**
2. 전호(傳號): 형태 · 색 · 음 등으로 직원 상호간에 의사를 표시하는 것
3. 표지: 형태 · 색 등으로 물체의 위치 · 방향 · 조건을 표시하는 것

예제 **도시철도운전규칙에서 다음 설명 중 맞지 않는 것은?**

가. 신호 : 행태·색·음 등으로 열차 등에 대하여 운전의 조건을 지시하는 것

나. 표지 : 행태·색·음 등으로 물체의 위치·방향·조건을 지시하는 것

다. 차내신호방식은 주 야간 관계없이 야간방식에 따른다.

라. 전호 : 행태·색·음 등으로 직원 상호간의 의사를 표시하는 것

해설 도시철도운전규칙 제60조(신호의 종류): 표지란 **형태** · 색 등으로 물체의 위치 · 방향 · 조건을 표시하는 것

제61조(주간 또는 야간의 신호)

① 주간과 야간의 신호방식을 달리하는 경우에는 일출부터 일몰까지는 주간의 방식, 일몰부터 다음날 일출까지는 야간방식에 따라야 한다. 다만, 일출부터 일몰까지의 사이에 기상상태로 인하여 상당한 거리로부터 주간방식에 따른 신호를 확인하기 곤란할 때에는 야간방식에 따른다.

예제 **주간과 야간의 [ ]을 달리하는 경우에는 일출부터 일몰까지는 [ ], 일몰부터 다음날 일출까지는 [ ]에 따라야 한다.**

정답 신호방식, 주간의 방식, 야간방식

예제 [ ]에 따른 신호를 확인하기 [ ]할 때에는 [ ]에 따른다.

정답 주간방식, 곤란, 야간방식

② 차내신호방식 및 지하구간에서의 신호방식은 야간방식에 따른다.

예제 차내신호방식 및 [ ]에서의 신호방식은 [ ]에 따른다.

정답 지하구간, 야간방식

[제61조 주간 또는 야간의 신호]

① 주간과 야간의 신호방식을 달리하는 경우에는 일출부터 일몰까지는 주간의 방식, 일몰부터 다음날 일출까지는 야간방식에 따라야 한다.
다만, 일출부터 일몰까지의 사이에 기상상태로 인하여 상당한 거리로부터 주간방식에 따른 신호를 확인하기 곤란할 때에는 야간방식에 따른다.
② 차내신호방식 및 지하구간에서의 신호방식은 야간방식에 따른다

차내신호방식
- 적색원형램프, 앰버 속도그래프
- 막대식은 속도지시그래프, 디지털 속도계, 정지(Stop)등, 야드(Yard)등으로 운전실 제어대에 나타내는 방식

차내신호 폐색식 ATC

지시속도가 "0"이 될 때 STOP이 들어온다!!!

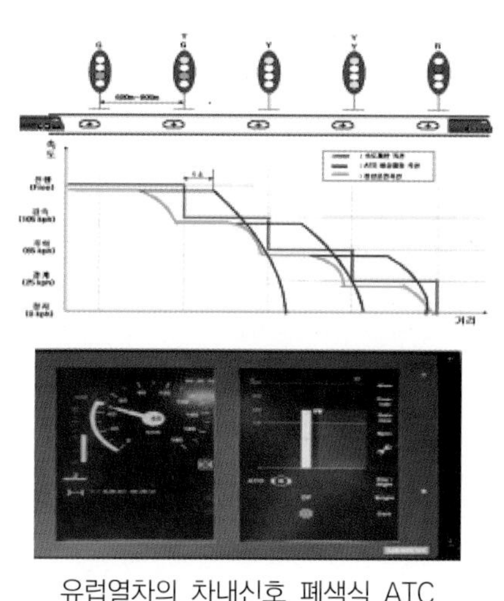

유럽열차의 차내신호 폐색식 ATC

ATC구간을 운행하는 전동차
운전실 안의 속도계

예제 **다음 중 도시철도운전규칙상 신호의 방식에 관한 설명으로 올바르지 않은 것은?**

가. 차내신호방식에서의 신호는 주간방식에 의한다.

나. 일출부터 일몰까지는 주간의 방식에 의하고 일몰부터 일출까지는 야간의 방식에 의한다.

다. 지하구간에서의 신호는 야간의 방식을 사용한다.

라. 기상상태에 의하여 상당한 거리로부터 주간의 방식에 의한 신호 확인이 곤란할 때에는 야간의 방식을 사용한다.

해설 도시철도운전규칙 제61조(주간 또는 야간의 신호) 제1항 주간과 야간의 신호방식을 달리하는 경우에는 일출부터 일몰까지는 주간의 방식, 일몰부터 다음날 일출까지는 야간방식에 따라야 한다. 다만, 일출부터 일몰까지의 사이에 기상상태로 인하여 상당한 거리로부터 주간방식에 따른 신호를 확인하기 곤란할 때에는 야간방식에 따른다. 제2항 차내신호방식 및 지하구간에서의 신호방식은 **야간방식**에 따른다.

제62조(제한신호의 추정)

① 신호가 필요한 장소에 신호가 없을 때 또는 그 신호가 분명하지 아니할 때에는 정지신호가 있는 것으로 본다.

예제 **신호가 필요한 장소에 신호가 [ ] 또는 그 신호가 [ ]하지 아니할 때에는 [ ]가 있는 것으로 본다.**

정답 없을 때, 분명, 정지신호

② 상설신호기 또는 임시신호기의 신호와 수신호가 각각 다를 때에는 열차 등에 가장 많은 제한을 붙인 신호에 따라야 한다. 다만, 사전에 통보가 있었을 때에는 통보된 신호에 따른다.

예제 **상설신호기 또는 임시신호기의 [ ]와 [ ]가 각각 다를 때에는 열차 등에 [ ]을 붙인 [ ]에 따라야 한다. 다만, 사전에 [ ]가 있었을 때에는 [ ]에 따른다.**

정답 신호, 수신호, 가장 많은 제한, 신호, 통보, 통보된 신호

[제62조 제한신호의 추정]

① 신호를 현시할 소정의 장소에 신호의 현시가 없거나 그 현시가 분명하지 아니할 때(신호등의 고장으로 3색등이 모두 들어오지 않는 등)에는 정지신호로 간주

② 상설신호기(철도운전규칙에서는 콘크리트를 쳐놓은 상태의 상치신호기) 또는 임시신호기(공사 시 2m쯤 되는 신호기를 들고 다닌다)와 수신호가 각각 다른 신호를 현시한 때에는 그 운전을 최대로 제한하는 신호의 현시에 의하여야 한다. 다만, 사전에 통보가(15KS, ASOS 등의 스위치를 키고 가시오! 등) 있을 때에는 통보된 신호에 의한다.

최대로 제한하는 신호 선택할 것!!!

예제 **다음 중 신호방식에 관한 설명으로 틀린 것은?**

가. 차내신호방식 및 지하구간에서의 신호방식은 야간방식에 따른다.

나. 주간과 야간의 신호방식을 달리하는 경우에는 일출부터 일몰까지는 주간의 방식, 일몰부터 다음날 일출까지는 야간방식에 따라야 한다.

다. 신호가 필요한 장소에 신호가 없을 때 또는 그 신호가 분명하지 아니할 때에 는 서행신호가 있는 것으로 본다.

라. 상설신호기 또는 임시신호기의 신호와 수신호가 각각 다를 때에는 열차 등에 가장 많은 제한을 붙인 신호에 따라야 한다.

해설 도시철도운전규칙 제62조(제한신호의 추정) 제1항: 신호가 필요한 장소에 신호가 없을 때 또는 그 신호가 분명하지 아니할 때에는 정지신호가 있는 것으로 본다.

예제 **상설신호기 또는 임시신호기의 신호와 수신호가 각각 다를 때 따라야 하는 신호로 맞는 것은?**

가. 상설신호기의 신호
나. 수신호
다. 가장 적은 제한을 붙인 신호
라. 가장 많은 제한을 붙인 신호

해설 도시철도운전규칙 제62조(제한신호의 추정) 제1항 신호가 필요한 장소에 신호가 없을 때 또는 그 신호가 분명하지 아니할 때에는 정지신호가 있는 것으로 본다. 제2항 상설신호기 또는 임시신호기의 신호와 수신호가 각각 다를 때에는 열차 등에 가장 많은 제한을 붙인 신호에 따라야 한다. 다만, 사전에 통보가 있었을 때에는 통보된 신호에 따른다.

예제 **도시철도운전규칙의 신호에 대한 설명으로 맞는 것은?**

가. 신호가 필요한 장소에 신호가 없을 때 또는 그 신호가 분명하지 아니할 때에는 가장 많은 제한을 붙인 신호에 따라야 한다.
나. 자동신호방식 및 지하구간에서의 신호방식은 야간방식에 따른다.
다. 상설신호기 또는 임시신호기의 신호와 수신호가 각각 다를 때에는 가장 안전한 정지신호가 있는 것으로 본다.
라. 신호란 형태·색·음 등으로 열차 등에 대하여 운전의 조건을 지시하는 것을 말한다.

해설 도시철도운전규칙 제62조(제한신호의 추정): 신호란 형태 · 색 · 음 등으로 열차 등에 대하여 운전의 조건을 지시하는 것을 말한다.

제63조(신호의 겸용금지)

하나의 신호는 하나의 선로에서 하나의 목적으로 사용되어야 한다. 다만, 진로표시기를 부설한 신호기는 그러하지 아니하다.

예제 **하나의 신호는 [ ]에서 [ ]으로 [ ]되어야 한다. 다만, [ ]를 부설한 신호기는 그러하지 아니하다.**

정답 하나의 선로, 하나의 목적, 사용, 진로표시기

[제63조(신호의 겸용금지)]

하나의 신호는 하나의 선로에서 하나의 목적으로 사용
다만, 진로표시기(오른쪽, 왼쪽으로 가라!, 1번으로 가라, 2번으로 가라!)를 부설한 신호기는 예외(즉, 같이 쓴다)

진로표시기
신호부속기의 일종으로 장내신호기, 출발신호기 및 입환신호기에 부속하여 열차 또는 차량에 대하여 그 진로를 표시한다.

제2절 상설신호기

제64조(상설신호기)

상설신호기는 일정한 장소에서 색등 또는 등열에 의하여 열차등의 운전조건을 지시하는 신호기를 말한다.

예제 **상설신호기는 일정한 장소에서 [ ] 또는 [ ]에 의하여 열차 등의 [ ]을 [ ]하는 신호기를 말한다.**

정답 색등, 등열, 운전조건, 지시

[제64조 상설신호기]

상설신호기는 일정한 장소에서 색등(色燈) 또는 등열(燈列)에 의하여 열차 또는 차량의 운전조건을 지시(국토교통부장관)하는 신호기
* 모든 신호는 옆으로(좌우)로 들어오면 정지

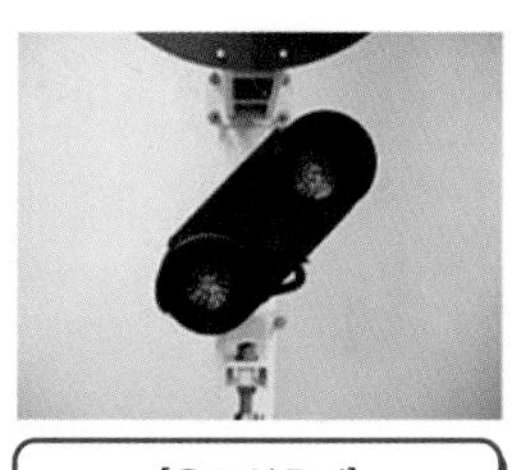

[유도신호기]
(유도할 때만 불이 들어온다.
45도 각도)

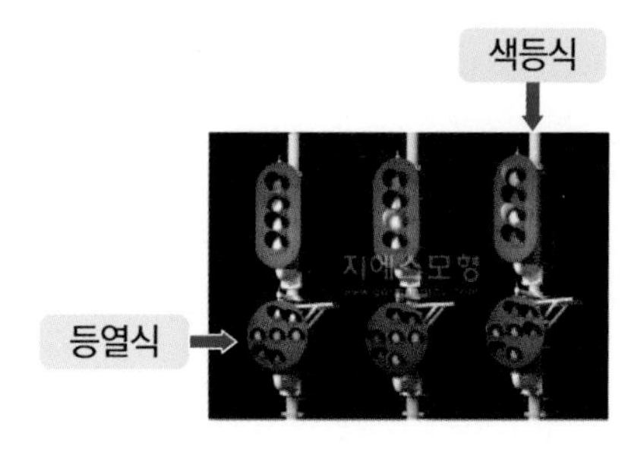

예제 **다음 중 일정한 장소에서 색등 또는 등열에 의하여 열차 등의 운전조건을 지시하는 신호기는?**

가. 상설신호기
나. 서행신호기
다. 임시신호기
라. 서행예고신호기

해설 도시철도운전규칙 제64조(상설신호기): 상설신호기는 일정한 장소에서 색등 또는 등열에 의하여 열차 등의 운전조건을 지시하는 신호기를 말한다.

제65조(상설신호기의 종류)

상설신호기의 종류와 기능은 다음 각 호와 같다.

1. 주신호기 (폐차장출입)

가. **차내신호기:** 열차등의 가장 앞쪽의 운전실에 설치하여 운전조건을 지시하는 신호기

예제 **차내신호기는 열차 등의 [   ]에 설치하여 [   ]을 지시하는 신호기이다.**

정답 가장 앞쪽의 운전실, 운전조건

나. **장내신호기:** 정거장에 진입하려는 열차 등에 대하여 신호기 뒷방향으로의 진입이 가능한지를 지시하는 신호기

예제 **장내신호기는 [ ]에 진입하려는 열차 등에 대하여 [ ]으로의 [ ]이 가능한지를 지시하는 신호기**

정답 정거장, 신호기 뒷방향, 진입

다. **출발신호기:** 정거장에서 출발하려는 열차 등에 대하여 신호기 뒷방향으로의 진입이 가능한지를 지시하는 신호기

예제 **출발신호기는 [ ]에서 [ ]하려는 열차 등에 대하여 [ ]으로의 [ ]이 가능한지를 지시하는 신호기**

정답 정거장, 출발, 신호기 뒷방향, 진입

라. **폐색신호기:** 폐색구간에 진입하려는 열차 등에 대하여 운전조건을 지시하는 신호기

예제 **폐색신호기는 [ ]에 [ ]하려는 열차 등에 대하여 [ ]을 지시하는 신호기**

정답 폐색구간, 진입, 운전조건

마. **입환신호기:** 차량을 결합·해체하거나 차선을 바꾸려는 차량에 대하여 신호기 뒷방향으로의 진입이 가능한지를 지시하는 신호기

예제 **입환신호기는 차량을 [ ]하거나 [ ] 차량에 대하여 신호기 [ ]이 가능한지를 지시하는 신호기**

정답 결합·해체, 차선을 바꾸려는, 뒷방향으로의 진입

예제 도시철도규칙에서는 철도규칙과는 달리 주신호기 중에서 [ ]와 [ ]가 없다.

정답 유도신호기, 엄호신호기

[제65조 상설신호기의 종류]

1. 주신호기(폐, 차, 장, 출, 입)
   가. 차내신호기(ATC에 설치): 열차 등의 가장 앞쪽의 운전실에 설치하여 운전조건을 지시하는 신호기
   나. 장내신호기: 정거장에 진입하려는 열차 등에 대하여 신호기 뒷방향으로의 진입이 가능한지를 지시하는 신호기
   다. 출발신호기: 정거장에서 출발하려는 열차 등에 대하여 신호기 뒷방향으로의 진입이 가능한지를 지시하는 신호기
   라. 폐색신호기: 폐색구간에 진입하려는 열차 등에 대하여 운전조건을 지시하는 신호기
   마. 입환신호기: 차량을 결합 · 해체하거나 차선을 바꾸려는 차량에 대하여 신호기 뒷방향으로의 진입이 가능한지를 지시하는 신호기

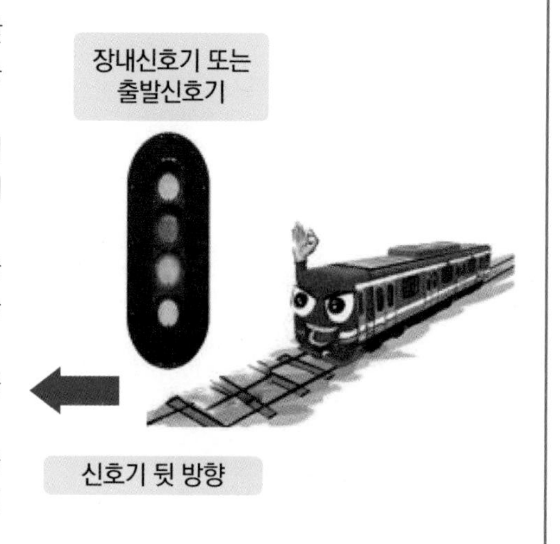

예제 도시철도규칙에서는 철도차량운전규칙과는 달리 주신호기 중에서 유도신호기와 엄호신호기가 없다.

해설

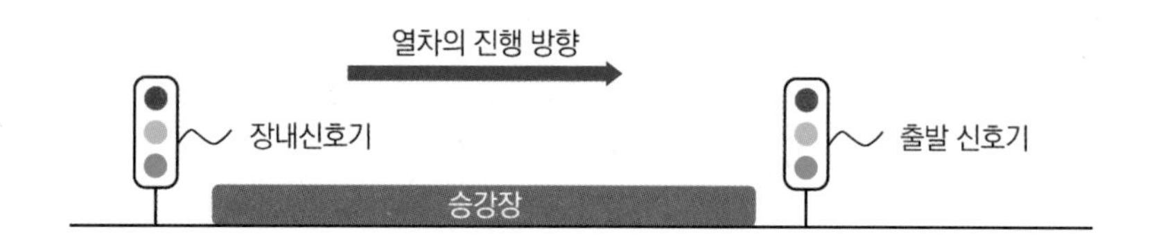

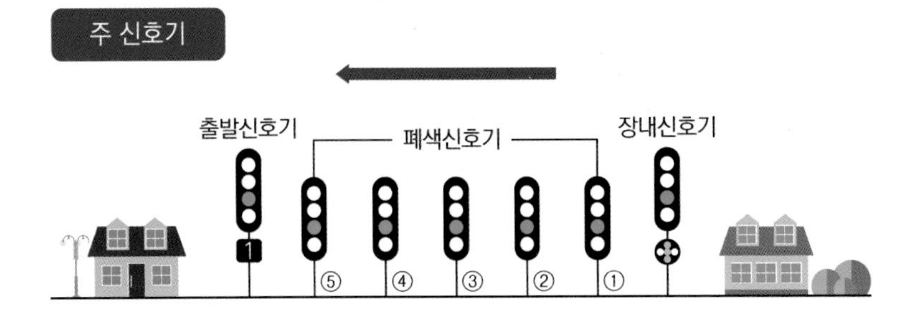
주 신호기
출발신호기
폐색신호기
장내신호기
1
⑤
④
③
②
①

[주 신호기]

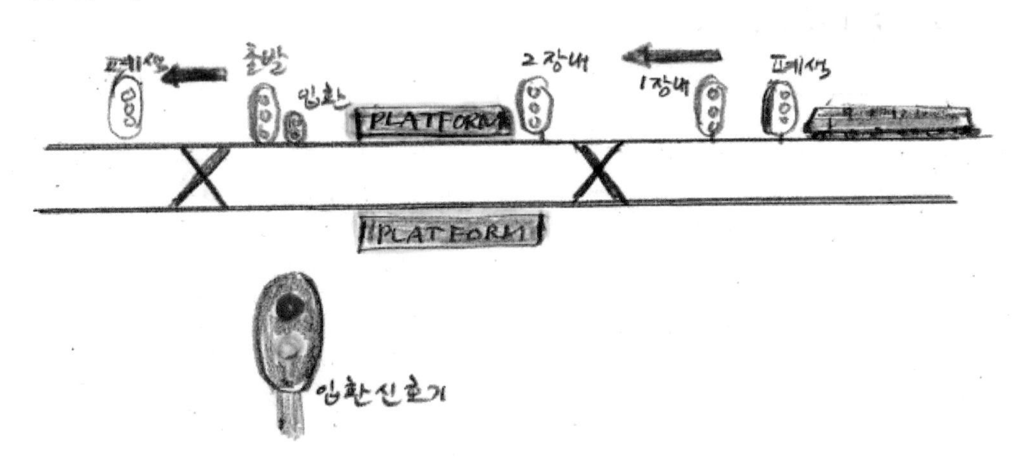
출발
입환
PLATFORM
2 장내
1장내
폐색
PLATFORM
입환신호기

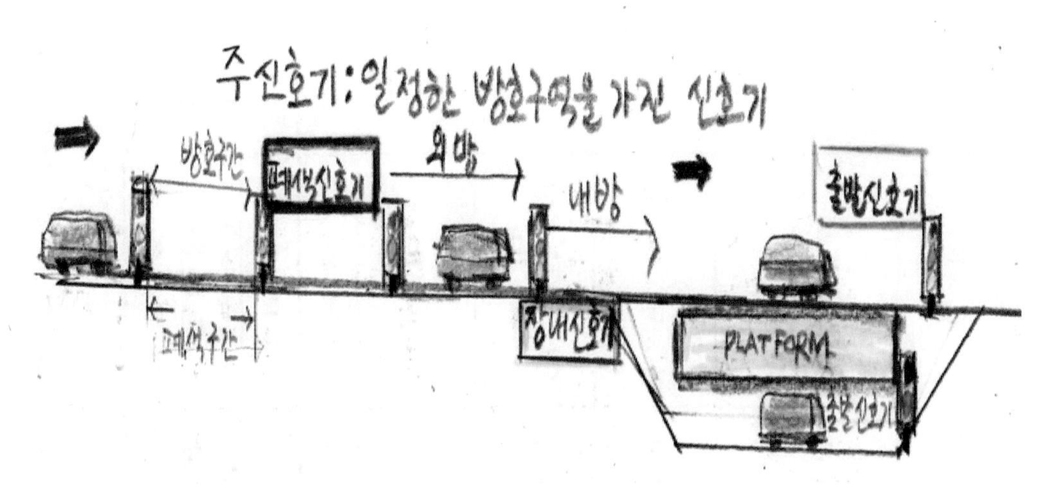
주신호기 : 일정한 방호구역을 가진 신호기
방호구간
폐색신호기
외방
내방
출발신호기
장내신호기
PLATFORM
출발신호기
폐색구간

예제 다음 중 상설신호기의 주신호기에 포함되지 않는 것은?

가. 차내신호기　　　　나. 폐색신호기

다. 입환신호기　　　　**라. 원방신호기**

해설 도시철도운전규칙 제65조(상설신호기의 종류) 제1호: 주신호기 **(폐차장출입)**

가. 차내신호기: 열차 등의 가장 앞쪽의 운전실에 설치하여 운전조건을 지시하는 신호기

나. 장내신호기: 정거장에 진입하려는 열차 등에 대하여 신호기 뒷방향으로의 진입이 가능한지를 지시하는 신호기

다. 출발신호기: 정거장에서 출발하려는 열차 등에 대하여 신호기 뒷방향으로의 진입이 가능한지를 지시하는 신호기

라. 폐색신호기: 폐색구간에 진입하려는 열차 등에 대하여 운전조건을 지시하는 신호기

마. 입환신호기: 차량을 결합 · 해체하거나 차선을 바꾸려는 차량에 대하여 신호기 뒷 방향으로의 진입이 가능한지를 지시하는 신호기

예제 도시철도 운전규칙의 주신호기의 종류에 관한 것으로 틀린 것은? (폐차장출입)

가. 장내신호기　　　　나. 폐색신호기

다. 유도신호기　　　　라. 입환신호기

해설 도시철도운전규칙 제65조(상설신호기의 종류) 제1호:도시철도규칙에서는 철도규칙과는 달리 주신호기 중에서 유도신호기와 엄호신호기가 없다.

2. 종속신호기

가. 원방신호기: 장내신호기 및 폐색신호기에 종속되어 그 신호상태를 예고하는 신호기

예제 **원방신호기는 [　　　] 및 [　　　]에 [　　]되어 그 신호상태를 예고하는 신호기이다.**

정답 장내신호기, 폐색신호기, 종속

나. 중계신호기: 주신호기에 종속되어 그 신호상태를 중계하는 신호기

예제 중계신호기는 [   ]에 [   ]되어 그 신호상태를 중계하는 신호기이다.

정답 주신호기, 종속

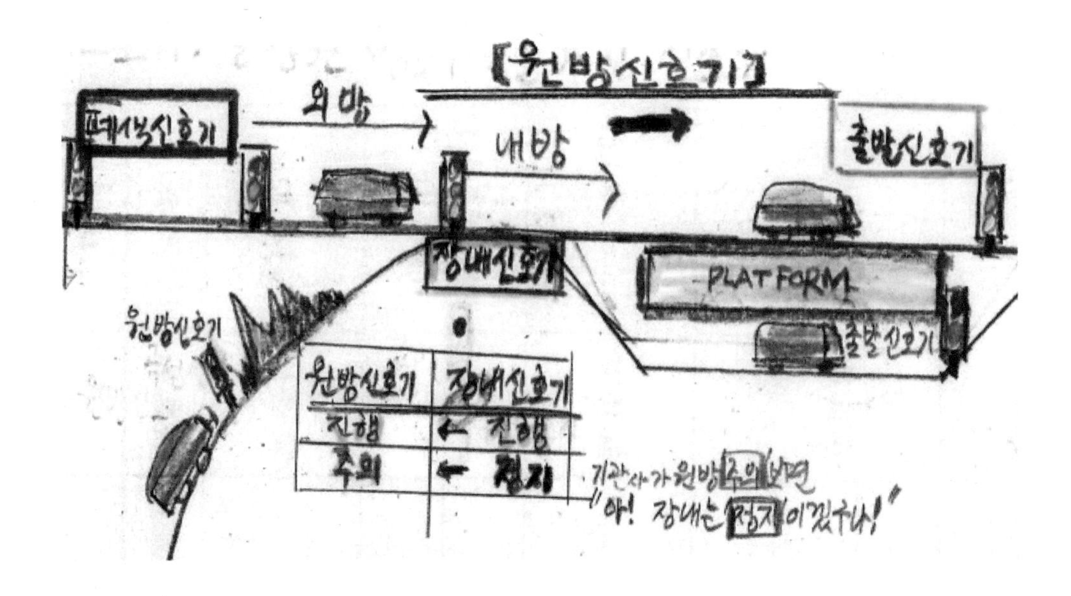

[중계신호기(Repeating Signal)]

주로 자동구간의 장내, 출발, 폐색신호기(잘 안보일 때)에 종속하며 주체신호기의 신호등을 중계하기 위하여 설치하는 신호기

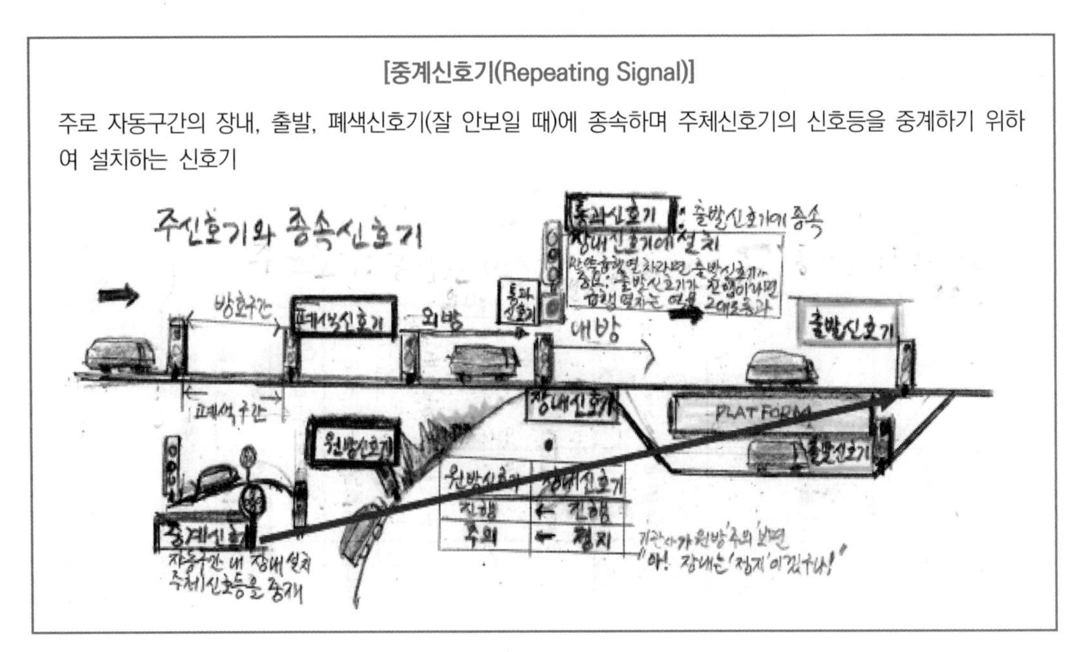

예제 **도시철도운전규칙에서 주신호기와 신호부속기가 바르게 연결된 것은?**

가. 입환신호기-진로표시기 나. 통과신호기-원방신호기
다. 폐색신호기-중계신호기 라. 원방신호기-진로개통표시기

해설 도시철도운전규칙 제65조(상설신호기의 종류) 제3호 신호부속기
가. 진로표시기: 장내신호기, 출발신호기, 진로개통표시기 또는 입환신호기에 부속되어 열차 등에 대하여 그 진로를 표시하는 것
나. 진로개통표시기: 차내신호기를 사용하는 본선로의 분기부에 설치하여 진로의 개통상태를 표시하는 것

[진로표시기]

신호부속기의 일종으로 장내신호기, 출발신호기 및 입환신호기에 부속하여 열차 또는 차량에 대하여 그 진로를 표시한다.

진로표시기
오른쪽, 왼쪽으로가라!, 1번으로 가라, 2번으로 가라!

예제 **도시철도운전규칙에서 주신호기와 신호 부속기가 올바르게 연결된 것은?**

가. 통과신호기-원방신호기 **나. 장내신호기-진로표시기**
다. 폐색신호기-중계신호기 라. 엄호신호기-진로개통표시기

해설 도시철도운전규칙 제65조(상설신호기의 종류) 제3호: 신호부속기
가. 진로표시기: 장내신호기, 출발신호기, 진로개통표시기 또는 입환신호기에 부속되어 열차 등에 대하여 그 진로를 표시하는 것
나. 진로개통표시기: 차내신호기를 사용하는 본선로의 분기부에 설치하여 진로의 개통상태를 표시하는 것

예제 **다음 중 장내신호기 및 폐색신호기에 종속되어 그 신호상태를 예고하는 신호기로 맞는 것은?**

가. 원방신호기 나. 폐색신호기

다. 유도신호기 라. 입환신호기

해설 도시철도운전규칙 제65조(상설신호기의 종류) 제2호 가목 원방신호기: 장내신호기 및 폐색신호기에 종속되어 그 신호상태를 예고하는 신호기

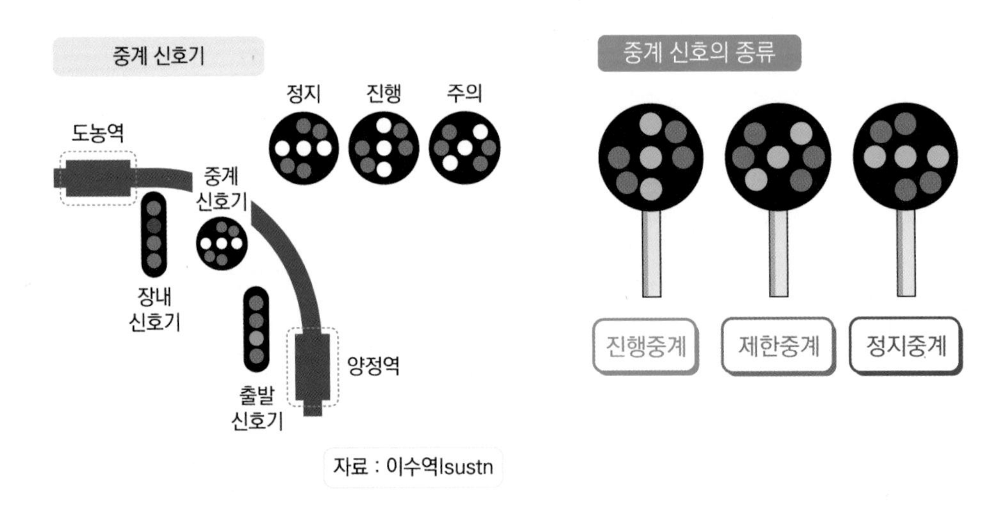

자료 : 이수역Isustn

3. 신호부속기

가. **진로표시기**: 장내신호기, 출발신호기, 진로개통표시기 또는 입환신호기에 부속되어 열차 등에 대하여 그 진로를 표시하는 것

예제 **진로표시기는[ ], [ ], [ ] 또는 [ ]에 [ ]되어 열차 등에 대하여 그 진로를 표시하는 것이다.**

정답 장내신호기, 출발신호기, 진로개통표시기, 입환신호기, 부속

나. **진로개통표시기**: 차내신호기를 사용하는 본선로의 분기부에 설치하여 진로의 개통상태를 표시하는 것이다.

예제 진로개통표시기는 [　　　]를 사용하는 본선로의 [　　　]에 설치하여 진로의 [　　　]를 표시하는 것이다.

정답 차내신호기, 분기부, 개통상태

[진로표시기]

신호부속기의 일종으로 장내신호기, 출발신호기 및 입환신호기에 부속하여 열차 또는 차량에 대하여 그 진로를 표시한다.

진로표시기
오른쪽, 왼쪽으로가라!, 1번으로 가라, 2번으로 가라!

예제 다음 중 상설신호기에 관한 설명으로 잘못된 것은?

가. 출발신호기: 정거장에서 출발하려는 열차 등에 대하여 신호기 뒷방향으로의 진입이 가능한지를 지시하는 신호기

나. 입환신호기: 차량을 결합·해체하거나 차선을 바꾸려는 차량에 대하여 신호기 뒷방향으로의 진입이 가능한지를 지시하는 신호기

다. 원방신호기: 주신호기에 종속되어 그 신호상태를 중계하는 신호기

라. 진로표시기: 장내신호기, 출발신호기, 진로개통표시기 또는 입환신호기에 부속되어 열차 등에 대하여 그 진로를 표시하는 것

해설 도시철도운전규칙 제65조(상설신호기의 종류) 제2호: 원방신호기: 장내신호기 및 폐 색신호기에 종속되어 그 신호상태를 예고하는 신호기

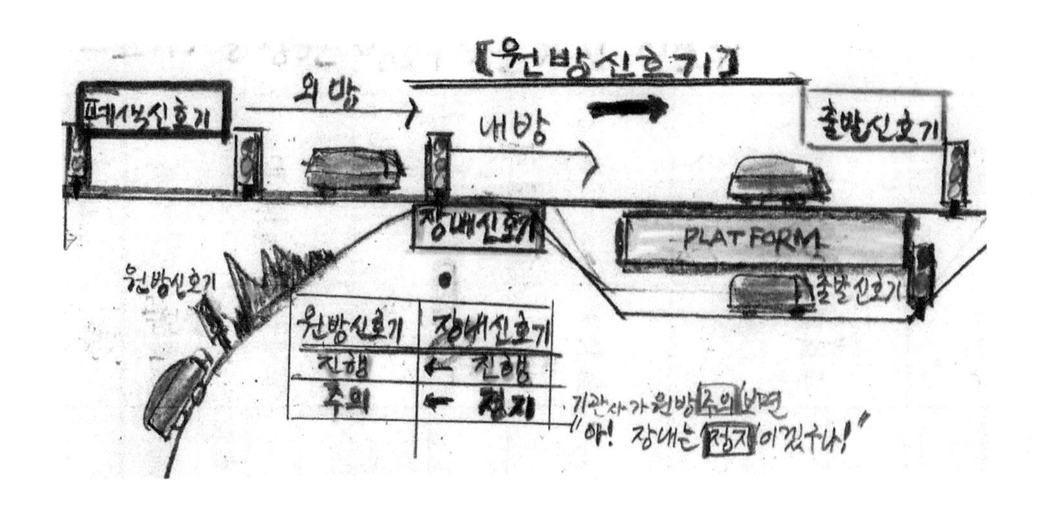

예제 **다음 중 상설신호기에 관한 설명으로 틀린 것은?**

가. 원방신호기는 장내 및 폐색신호기에 종속하여 그 신호상태를 예고하는 신호기이다.

나. 중계신호기는 주신호기에 종속하여 그 신호상태를 중계하는 신호기이다.

다. 폐색신호기는 폐색구간에 진입하려는 열차등에 대하여 운전조건을 지시하는 신호기이다.

라. 진로표시기는 차내신호기를 사용하는 본선로의 분기부에 설치하여 진로의 개통상태를 표시한다.

해설 도시철도운전규칙 제65조(상설신호기의 종류): 진로표시기는 장내신호기, 출발신호기, 진로개통표시기 또는 입환신호기에 부속되어 열차 등에 대하여 그 진로를 표시한다.

예제 **도시철도 운전규칙에서 상설신호기에 대한 설명 중 틀린 것은?**

가. 원방신호기 : 장내신호기 및 폐색신호기에 종속되어 그 신호상태를 예고하는 신호기

나. 진로개통표시기 : 장내신호기, 출발신호기 또는 입환신호기에 부속되어 열차 등에 대하여 그 진로를 표시하는 것

다. 중계신호기 : 주신호기에 종속되어 그 신호상태를 중계하는 신호기

라. 출발신호기 : 정거장에서 출발하려는 열차등에 대하여 신호기 뒷방향으로의 진입이 가능한지를 지시하는 신호기

해설 도시철도운전규칙 제65조(상설신호기의 종류) 제3호: 신호부속기

가. 진로표시기: 장내신호기, 출발신호기, 진로개통표시기 또는 입환신호기에 부속되어 열차등에 대하여 그 진로를 표시하는 것

나. 진로개통표시기: 차내신호기를 사용하는 본선로의 분기부에 설치하여 진로의 개통상태를 표시하는 것

제66조(상설신호기의 종류 및 신호 방식)

상설신호기는 계기·색등 또는 등열(燈列)로써 다음 각 호의 방식으로 신호하여야 한다.

예제 **상설신호기는 [ ]·[ ] 또는 [ ]로써 다음 각 호의 방식으로 신호하여야 한다.**

정답 계기, 색등, 등열

1. 주신호기

가. 차내신호기

주간·야간별	정지신호	진행신호
주간 및 야간	"0" 속도를 표시	지령속도를 표시

예제 **열차 등을 정지시키려 할 때 [ ]는 [ ]를 표시하는 신호를 보낸다.**

정답 차내신호기, "0" 속도

예제 **열차 등을 정지시키려 할 때 차내신호기에 어떠한 신호를 보내야 하는가?**

가. "정지"라는 문구를 표시
나. "0"속도를 표시
다. 적색등을 표시
라. 지령속도를 표시

해설 도시철도운전규칙 제66조(상설신호기의 종류 및 신호 방식) 제1호 가목: 열차 등을 정지시키려 할 때 차내신호기에는 "0"속도를 표시한다.

나. 장내신호기, 출발신호기 및 폐색신호기

방식	주간·야간별	정지신호	경계신호	주의신호	감속신호	진행신호
색등식	주간 및 야간	적색등	상하위 등황색등	등황색등	상위는 등황색등 하위는 녹색등	녹색등

예제 장내신호기, 출발신호기 및 폐색신호기의 감속신호는 상위는 [ ] 하위는 [ ]이다.

정답 등황색등, 녹색등

다. 입환신호기

방식	주간 · 야간별	정지신호	진행신호
색등식	주간 및 야간	적색등	등황색등

예제 입환신호기의 진행신호는 [ ]이다.

정답 등황색등

[제66조 상설신호기의 종류 및 신호 방식]

1. 주 신호기

나. 장내신호기, 출발신호기 및 폐색신호기(1,2호선)

방식	신호의 종류 / 주간 · 야간별	정지신호	경계신호	주의신호	감속신호	진행신호
색등식	주간 및 야간	적색등	상하위 등황색등	등황색등	상위는 등황색등 하위는 녹색등	녹색등
			25km/h		60~65km/h	

다. 입환신호기

방식	신호의 종류 / 주간 · 야간별	정지신호	진행신호
색등식	주간 및 야간	적색등	등황색등
			2개 신호기만 설치

유도 신호기는 없다!!!

예제 **다음 중 장내신호기의 현시 방법으로 틀린 것은?**

가. 감속신호 - 상위 등황색등, 하위 녹색등

나. 경계신호 - 상하위 등황색등

다. 주의신호 - 상위 적색등, 하위 등황색등

라. 정지신호 - 적색등

해설 도시철도운전규칙 제66조(상설신호기의 종류 및 신호 방식) 제1호: 주의신호는 등황색등 하나이다.

2. 종속신호기

가. 원방신호기

방식	주간 · 야간별	주신호기가 정지신호를 할 경우	주신호기가 진행을 지시하는 신호를 할 경우
색등식	주간 및 야간	등황색등	녹색등

예제 **주신호기가 [ ]를 할 경우 원방신호기는 [ ]을 현시한다.**

정답 정지신호, 등황색등

나. 중계신호기

방식	주간 · 야간별	주신호기가 정지신호를 할 경우	주신호기가 진행을 지시하는 신호를 할 경우
색등식	주간 및 야간	적색등	주신호기가 한 진행을 지시하는 색등

예제 **주신호기가 [ ]를 할 경우 중계신호기는 [ ]을 현시한다.**

정답 정지신호, 적색등

예제 주신호기가 진행을 지시하는 신호를 할 경우 중계신호기는 [ ]을 현시한다.

정답 주신호기가 한 진행을 지시하는 색등

예제 도시철도운전규칙에서 주신호기가 정지신호를 현시할 경우에 중계신호기 현시로 맞는 것은?

가. 백색등열(3등) 수평
나. 등황색 등
다. 백색등열(3등) 좌하향 45도
라. 적색등

해설 도시철도운전규칙 제66조(상설신호기의 종류 및 신호 방식) 제2호: 종속신호기에 있어서 주신호기가 정지신호를 현시할 경우에 중계신호기는 적색등을 현시한다.

예제 다음 중 종속신호기의 신호현시방식으로 틀린 것은?

가. 원방신호기: 주신호기가 정지신호를 현시할 경우 등황색등을 현시
나. 원방신호기: 주신호기가 진행을 지시하는 신호를 현시할 경우 녹색등을 현시
다. 중계신호기: 주신호기가 정지신호를 현시할 경우 적색등을 현시
라. 중계신호기: 주신호기가 진행을 지시하는 신호를 현시할 경우 녹색등을 현시

해설 도시철도운전규칙 제66조(상설신호기의 종류 및 신호 방식): 제2호 나목 중계신호기: 중계신호기에서 주신호기가 진행을 지시하는 신호를 현시할 경우 주신호기가 한 진행을 지시하는 색등을 현시한다.
중계신호기

방식	주간 · 야간별	주신호기가 정지신호를 할 경우	주신호기가 진행을 지시하는 신호를 할 경우
색등식	주간 및 야간	적색등	주신호기가 한 진행을 지시하는 색등

예제 다음 중 주신호기가 진행을 지시하는 신호를 할 경우 중계신호기의 색등은?

가. 주신호기가 한 진행을 지시하는 색등
나. 등황색등
다. 녹색등
라. 적색등

해설 도시철도운전규칙 제66조(상설신호기의 종류 및 신호 방식) 제2호 종속신호기: 주신호기가 한 진행을 지시하는 색등

3. 신호부속기

가. 진로표시기

방식	주간 · 야간별	좌측진로	중앙진로	우측진로
색등식	주간 및 야간	흑색바탕에 좌측 방향 백색화살표 ←	흑색바탕에 수직 방향 백색화살표 ↑	흑색바탕에 우측 방향 백색화살표 →
문자식	주간 및 야간	4각 흑색바탕에 문자		

'진로표시기'

나. 진로개통표시기

방식	주간 · 야간별	진로가 개통되었을 경우	진로가 개통되지 아니한 경우
색등식	주간 및 야간	등황색등 ● ○	적색등 ● ○

예제 다음 중 입환신호기의 진행신호의 현시방식으로 맞는 것은?

가. 적색등 현시
나. 녹색등 현시
다. 등황색등 현시
라. 깜빡이는 등황색등 현시

해설 도시철도운전규칙 제66조(상설신호기의 종류 및 신호 방식) 제1호 다목: 입환신호기

방식	주간 · 야간별	정지신호	진행신호
색등식	주간 및 야간	적색등	등황색등

제3절 임시신호기

제67조(임시신호기의 설치)

선로가 일시 정상운전을 하지 못하는 상태일 때에는 그 구역의 앞쪽에 임시신호기를 설치하여야 한다.

예제 선로가 일시 [   ]을 하지 못하는 상태일 때에는 그 구역의 [   ] [   ]를 설치하여야 한다.

정답 정상운전, 앞쪽에, 임시신호기

예제 선로가 일시 정상운전을 하지 못하는 상태일 때에는 그 구역의 뒤쪽에 임시신호기를 설치하여야 한다.

해설 구역의 앞쪽에 임시신호기를 설치하여야 한다.

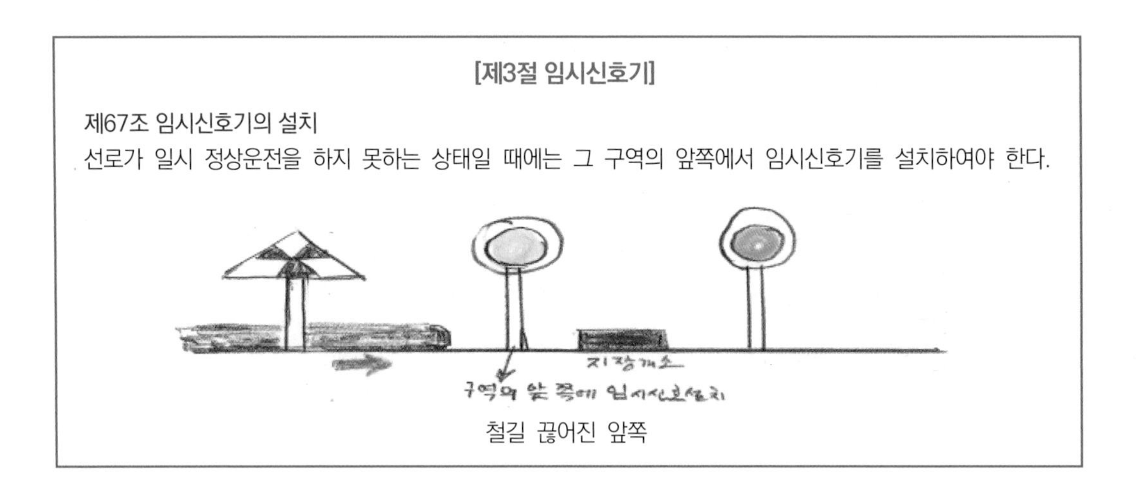

[제3절 임시신호기]

제67조 임시신호기의 설치

선로가 일시 정상운전을 하지 못하는 상태일 때에는 그 구역의 앞쪽에서 임시신호기를 설치하여야 한다.

철길 끊어진 앞쪽

예제 다음 중 선로가 일시 정상운전을 하지 못하는 상태일 때 그 구역의 앞쪽에 설치하는 신호기는?

가. 상설신호기
나. **임시신호기**
다. 서행신호기
라. 서행예고신호기

해설 도시철도운전규칙 제67조(임시신호기의 설치): 선로가 일시 정상운전을 하지 못하는 상태 일 때에는 그 구역의 앞쪽에 임시신호기를 설치하여야 한다.

제68조(임시신호기의 종류)

임시신호기의 종류는 다음 각 호와 같다.

1. 서행신호기

   서행운전을 필요로 하는 구역에 진입하는 열차 등에 대하여 그 구간을 서행할 것을 지시하는 신호기

2. 서행예고신호기

   서행신호기가 있을 것임을 예고하는 신호기

3. 서행해제신호기

   서행운전구역을 지나 운전하는 열차 등에 대하여 서행 해제를 지시하는 신호기

예제 임시신호기 종류에는 [ ], [ ], [ ]가 있다.

정답 서행신호기, 서행예고신호기, 서행해제신호기

[제68조 임시신호기의 종류]

1. 서행신호기: 서행운전을 필요로 하는 구역에 진입하는 열차 등에 대하여 그 구간을 서행할 것을 지시하는 신호기
2. 서행예고신호기: 서행신호기가 있을 것임을 예고하는 신호기
3. 서행해제신호기: 서행운전구역을 지나 운전하는 열차 등에 대하여 서행 해제를 지시하는 신호기

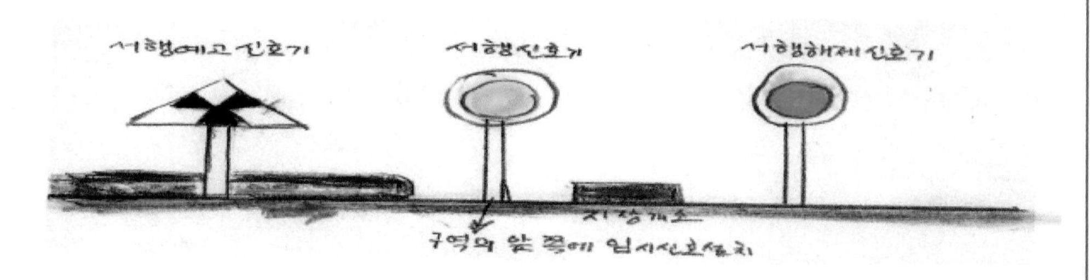

예제 다음 중 임시신호기의 종류가 아닌 것은?

가. 서행신호기 **나. 서행 중 신호기**
다. 서행예고신호기 라. 서행해제신호기

해설 도시철도운전규칙 제68조(임시신호기의 종류) 서행신호기, 서행예고신호기, 서행해제신호기

제69조(임시신호기의 신호방식)

① 임시신호기의 형태·색 및 신호방식은 다음과 같다.

주간·야간별	서행신호	서행예고신호	서행해제신호
주간	백색 테두리의 황색 원판	흑색 삼각형 무늬 3개를 그린 3각형판	백색 테두리의 녹색 원판
야간	등황색등	흑색 삼각형 무늬 3개를 그린 백색등	녹색등

② 임시신호기 표지의 배면(背面)과 배면광(背面光)은 백색으로 하고, 서행신호기에는 지정속도를 표시하여야 한다.

예제 **임시신호기 표지의 배면과 배면광은 [ ]으로 하고, [ ]에는 [ ]를 표시하여야 한다.**

정답 백색, 서행신호기, 지정속도

예제 **서행예고신호기에는 지정속도가 있다.**

해설 서행예고신호기에는 지정속도가 없다.

예제 **서행신호기, 서행예고신호기, 서행해제신호기에는 지정속도를 표시하여야 한다.**

해설 철도차량운전규칙(KORAIL)에서는 예고와 서행신호기 두 군데 모두 지정속도를 정해 놓았으나 도시철도규칙에서는 예고에는 없고, 서행신호기에만 있다.

예제 도시철도운전규칙에서 임시신호기의 종류 중 지정속도를 표시하여야 하는 신호기로 맞는 것은?

가. 서행신호기, 서행예고신호기

나. 서행신호기, 서행해제신호기

다. 서행신호기 서행해제신호기 서행예고신호기

라. 서행신호기

해설 도시철도운전규칙 제69조(임시신호기의 신호방식) ② 임시신호기 표지의 배면(背面)과 배면광(背面光)은 백색으로 하고, **서행신호기**에는 **지정속도를 표시하여야** 한다.

[제69조 임시신호기의 신호방식]

① 임시신호기의 형태 · 색 및 신호방식은 다음과 같다.

서행예고신호(주간, 야간)가 출제됨

주간 · 야간별	서행신호	서행예고신호	서행해제신호
주간	백색 테두리의 황색 원판	흑색 삼각형 무늬 3개를 그린 3각형판	백색 테두리의 녹색 원판
야간	등황색등	흑색 삼각형 무늬 3개를 그린 백색등	녹색등

② 임시신호기 표지의 배면(背面)과 배면광(背面光)은 백색으로 하고, 서행신호기에는 지정속도를 표시하여야 한다(서행예고신호기에는 지정속도가 없다. 그러나 철도규칙(KORAIL)에서는 서행예고신호기에는 지정속도가 있었다).

서행예고신호기, 서행신호기, 서행해제신호기

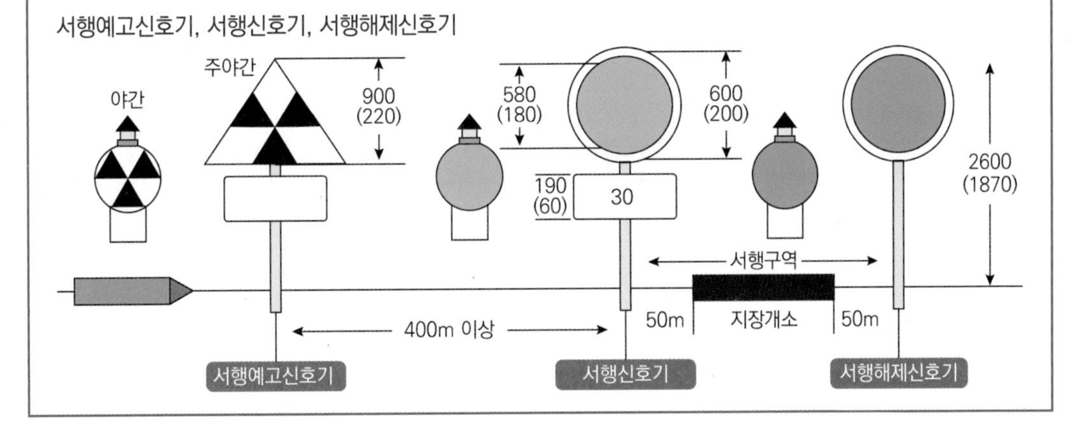

예제 **임시신호기의 신호방식에 관한 설명으로 틀린 것은?**

가. 서행신호의 주간 현시는 백색 테두리의 황색 원판으로 한다.

나. 서행예고신호의 주간 현시는 흑색 삼각형 무늬 3개를 그린 3각형판으로 한다.

다. 임시신호기의 표지의 배면과 배면광은 백색으로 한다.

라. 서행예고신호기에는 지정속도를 표시하여야 한다.

해설 도시철도운전규칙 제69조(임시신호기의 신호방식) 제2항: 임시신호기 표지의 배면과 배면광은 백색으로 하고, 서행신호기에는 지정속도를 표시하여야 한다.

예제 **다음 중 임시신호기의 서행해제신호에 관한 설명으로 맞는 것은?**

가. 백색테두리의 황색원판

나. 흑색 삼각형무늬 3개를 그린 3각형판

다. 야간에는 녹색등을 현시

라. 야간에는 등황색등을 현시

해설 도시철도운전규칙 제69조(임시신호기의 신호방식) 제1항:야간의 서행해제신호는 녹색등이다.

예제 **다음 중 서행예고신호기의 야간현시방식으로 맞는 것은?**

가. 흑색 삼각형 무늬 3개를 그린 백색등

나. 등황색등

다. 녹색등 점등

라. 깜빡이는 등황색등

해설 도시철도운전규칙 제69조(임시신호기의 신호방식) 제1항 임시신호기의 형태 · 색 및 신호방식

주간 · 야간별	서행신호	서행예고신호	서행해제신호
주간	백색 테두리의 황색 원판	흑색 삼각형 무늬 3개를 그린 3각형판	백색 테두리의 녹색 원판
야간	등황색등	흑색 삼각형 무늬 3개를 그린 백색등	녹색등

예제 도시철도운전규칙에서 지정속도를 표시하여야 하는 임시신호기의 종류는 무엇인가?

가. 서행예고신호기　　나. 서행해제신호기

다. 서행신호기　　라. 서행예고신호기 및 서행신호기

해설 도시철도운전규칙 제69조(임시신호기의 신호방식) 제2항: 임시신호기 표지의 배면(背面)과 배면광(背面光)은 백색으로 하고, 서행신호기에는 지정속도를 표시하여야 한다.

예제 도시철도운전규칙의 임시신호기에 대한 설명으로 맞는 것은?

가. 서행신호기에는 서행속도를 표시하여야 한다.

나. 서행예고신호기의 야간표시방식은 백색삼각형무늬 3개를 그린 등황색등이다.

다. 서행해제신호기의 주간표시방식은 백색테두리를 한 녹색원판이다.

라. 임시신호기 표지의 배면과 배면광은 흑색으로 한다.

해설 도시철도운전규칙 제69조(임시신호기의 신호방식):

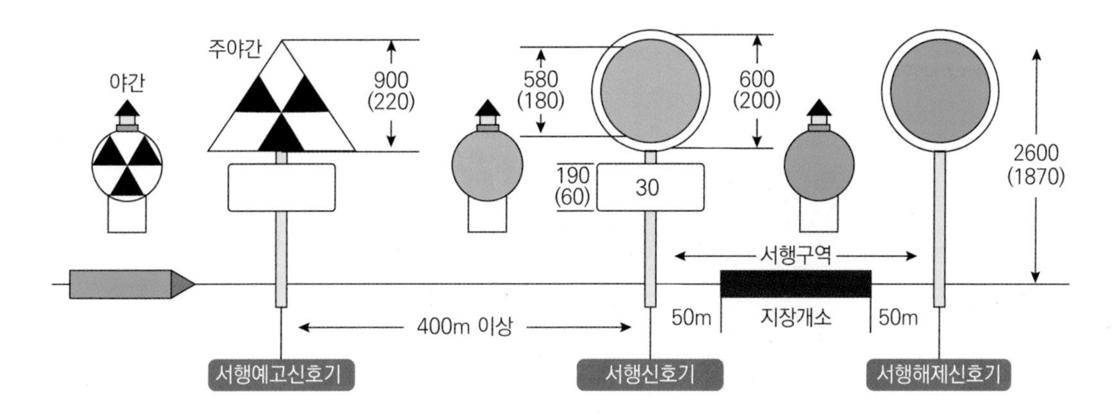

제4절 수신호

제70조(수신호 방식)

신호기를 설치하지 아니한 경우 또는 신호기를 사용하지 못할 경우에는 다음 각 호의 방식으로 수신호를 하여야 한다.

1. 정지신호

   가. 주간: 적색기. 다만, 부득이한 경우에는 두 팔을 높이 들거나 또는 녹색기 외의 물체를 급격히 흔드는 것으로 대신할 수 있다.

예제 정지신호는 [ ]를 사용한다. 다만, 부득이한 경우에는 [ ] 또는 [ ]를 급격히 흔드는 것으로 대신할 수 있다.

정답 적색기, 두 팔을 높이 들거나, 녹색기 외의 물체

[정지신호(수신호방식)]

   나. 야간: 적색등. 다만, 부득이한 경우에는 녹색등 외의 등을 급격히 흔드는 것으로 대신할 수 있다.

예제 야간에는 [ ]. 다만, 부득이한 경우에는 [ ] 급격히 [ ]할 수 있다.

정답 적색등, 녹색등 외의 등을, 흔드는 것으로 대신

2. 진행신호

가. 주간: 녹색기. 다만, 부득이한 경우에는 한 팔을 높이 드는 것으로 대신할 수 있다.

예제 진행신호는 [   ]를 사용한다. 다만, 부득이한 경우에는 [   ]으로 대신할 수 있다.

정답 녹색기, 한 팔을 높이 드는 것

> **[제4절 수신호]**
>
> 제70조 수신호 방식
>
> 신호기를 설치하지 아니한 경우 또는 신호기를 사용하지 못할 경우 다음 방식으로 수신호를 하여야 한다. (서행신호기를 가져갈 때 수신호기도 같이 지참한다)
>
> 1. 정지신호
>   가. 주간 : 적색기
>   다만, 부득이한 경우에는 두 팔을 높이 들거나 또는 녹색기 외의 물체를 급격히 흔드는 것으로 대신할 수 있다.
>   나. 야간 : 적색등
>   다만, 부득이한 경우에는 녹색등 외의 등을 급격히 흔드는 것으로 대신할 수 있다.

[진행신호(수신호방식)]

'철마는 달린다' 남북열차 시험운행

뉴스줌 - ZUM

나. 야간: 녹색등

3. 서행신호

가. 주간: 적색기와 녹색기를 머리 위로 높이 교차한다. 다만, 부득이한 경우에는 양팔을 머리 위로 높이 교차하는 것으로 대신할 수 있다.

나. 야간: 명멸(明滅)하는 녹색등

예제 **야간의 서행신호 방식으로 명멸하는 황색등을 현시한다. (출제빈도 높다)**

해설 녹색등을 현시한다.
※ 주간의 서행신호 방식으로 황색신호기가 사용되므로 헷갈릴 수 있어서 출제가 많이 된다.

[서행신호]

적색기와 녹색기를 머리 위로 높이 교차한다.

양팔을 머리 위로 높이 교차한다.

2. 진행신호
가. 주간 : 녹색기
다만, 부득이한 경우에는 한 팔을 높이 드는 것으로 대신할 수 있다.
나. 야간 : 녹색등

3. 서행신호
가. 주간 : 적색기와 녹색기를 머리 위로 높이 교차한다. 다만, 부득이한 경우에는 양팔을 머리 위로 높이 교차하는 것으로 대신할 수 있다.
나. 야간 : 명멸(明滅)하는 녹색등
* 명멸: 불이 꺼졌다, 켜졌다 반복하는 것. 깜빡이는 것

예제 **다음 중 주간에 부득이한 경우 시행하는 서행수신호 방식으로 맞는 것은?**

가. 두 팔을 높이 들거나 녹색기 외의 물체를 급격히 흔든다.

나. 한 팔을 높이 든다.

다. 녹색기를 좌우로 흔든다.

라. 적색기와 녹색기를 머리 위로 높이 교차한다.

해설 도시철도운전규칙 제70조(수신호방식) 제3호 가목: 적색기와 녹색기를 머리 위로 높이 교차한다. 다만, 부득이한 경우에는 양 팔을 머리 위로 높이 교차하는 것으로 대신할 수 있다.

제71조(선로 지장 시의 방호신호)

선로의 지장으로 인하여 열차 등을 정지시키거나 서행시킬 경우, 임시신호기에 따를 수 없을 때에는 지장지점으로부터 200미터 이상의 앞 지점에서 정지수신호를 하여야 한다.

예제 **선로의 지장으로 인하여 열차 등을 [ ]시키거나 [ ]시킬 경우, [ ]에 따를 수 없을 때에는 [ ]으로부터 [ ]의 앞 지점에서 정지수신호를 하여야 한다.**

정답 정지, 서행, 임시신호기, 지장지점, 200미터 이상

[제71조 선로 지장 시의 방호신호]

선로의 지장으로 인하여 열차 등을 정지시키거나 서행시킬 경우, 임시신호기에 따를 수 없을 때에는 지장지점(지장원인(선로가 끊어지거나 굽거나)으로 임시신호기도 설치 못하는 상황)으로부터 200미터 이상의 앞 지점에서 정지수신호를 하여야 한다(Korail 규정: 200미터 이상의 앞 지점에서 정지수신호를 하고, 신호뇌관 2개 설치한다).

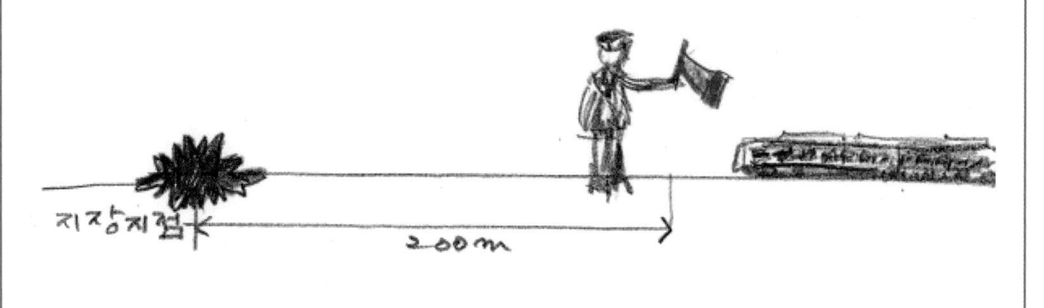

예제 **다음 중 선로의 지장으로 열차 등을 정지시키거나 서행시킬 경우, 임시신호기에 따를 수 없을 때에 지장지점으로부터 몇 미터 이상의 앞 지점에서 정지 수신호를 하여야 하는가?**

가. 50미터　　나. 100미터
다. 150미터　　**라. 200미터**

해설 도시철도운전규칙 제71조(선로 지장 시의 방호신호): 선로의 지장으로 인하여 열차 등을 정지시키거나 서행시킬 경우, 임시신호기에 따를 수 없을 때에는 지장지점으로부터 200미터 이상의 앞 지점에서 정지수신호를 하여야 한다.

예제 **다음 중 선로 지장 시의 방호신호에 관한 설명으로 맞는 것은?**

가. 선로의 지장으로 인하여 열차등을 정지시키거나 서행시킬 경우, 임시신호기에 따를 수 없을 때에는 지장지점으로부터 100미터 이상의 앞 지점에서 정지 수신호를 현시하여야 한다.
나. 선로의 지장으로 인하여 열차등을 정지시키거나 서행시킬 경우, 상설신호기에 따를 수 없을 때에는 지장지점으로부터 200미터 이상의 앞 지점에서 정지수신호를 현시하여야 한다.
다. 선로의 지장으로 인하여 열차등을 정지시키거나 서행시킬 경우, 상설신호기에 따를 수 없을 때에는 지장지점으로부터 100미터 이상의 앞 지점에서 정지수신호를 현시하여야 한다.
라. 선로의 지장으로 인하여 열차등을 정지시키거나 서행시킬 경우, 임시신호기에 따를 수 없을 때에는 지장지점으로부터 200미터 이상의 앞 지점에서 정지수신호를 현시하여야 한다.

해설 도시철도운전규칙 제71조(선로 지장 시의 방호신호): 선로의 지장으로 인하여 열차등을 정지시키거나 서행시킬 경우, 임시신호기에 따를 수 없을 때에는 지장지점으로부터 200미터 이상의 앞 지점에서 정지수신호를 하여야 한다.

제5절 전호

제72조(출발전호)

열차를 출발시키려 할 때에는 출발전호를 하여야 한다. 다만, 승객안전설비를 갖추고 차장을 승무(乘務)시키지 아니한 경우에는 그러하지 아니하다.

예제 **열차를 출발시키려 할 때에는 [　　　　]를 하여야 한다.**

정답 출발전호

第73조(기적전호)

다음 각 호의 어느 하나에 해당하는 경우에는 기적전호를 하여야 한다.

1. 비상사고가 발생한 경우
2. 위험을 경고할 경우

예제 1. [ ]가 발생한 경우, 2. [ ]을 경고할 경우에는 [ ]를 하여야 한다.

정답 비상사고, 위험, 기적전호

[제5절 전호]

제72조 출발 전호 (전호: 직원끼리 소통)
열차를 출발시키려 할 때에는 출발전호를 하여야 한다. 다만, 승객안전설비를 갖추고 차장을 승무(乘務)시키지 아니한 경우에는 그러하지 아니하다.

제73조 기적 전호
다음 각 호의 어느 하나에 해당하는 경우에는 기적전호를 하여야 한다.
1. 비상사고가 발생한 경우
2. 위험을 경고할 경우

기적전호	전호의 예
• 수도권에서는 소음문제로 기적전호 못한다. • 비상기적전호: 5초 난타(발로 누른다)	• 가거라 전호(전호기(등))을 상하로 흔든다. • 발차 부전번호(차장: 가거라!하기 위해 벨을 1초간 길게 누른다. 즉 발차전호) • 차내방송으로 실시한다.

예제 **다음 상황의 경우 어떠한 신호를 하여야 하는가?**

'비상사고가 발생한 경우', '위험을 경고할 경우'

가. 작업전호
나. 출발전호
다. 기적전호
라. 비상전호

해설 도시철도운전규칙 제73조(기적전호) 제1호: 비상사고가 발생한 경우 제2호 위험을 경고할 경우 기적신호를 한다.

제74조(입환전호)

입환전호방식은 다음과 같다.

1. 접근전호

가. 주간: 녹색기를 좌우로 흔든다. 다만, 부득이한 경우에는 한 팔을 좌우로 움직이는 것으로 대신할 수 있다.

나. 야간: 녹색등을 좌우로 흔든다.

2. 퇴거전호

가. 주간: 녹색기를 상하로 흔든다. 다만, 부득이한 경우에는 한 팔을 상하로 움직이는 것으로 대신할 수 있다.

나. 야간: 녹색등을 상하로 흔든다.

3. 정지전호

가. 주간: 적색기를 흔든다. 다만, 부득이한 경우에는 두 팔을 높이 드는 것으로 대신할 수 있다.

나. 야간: 적색등을 흔든다.

예제 **접근전호시 주간에는 [ ]를 좌우로 흔든다. 다만, 부득이한 경우 [ ] 좌우로 움직인다.**

정답 녹색기, 한 팔을

예제 **퇴거전호 시 주간에는 [ ]를 상하로 흔든다. 다만, 부득이한 경우에는 [ ] 상하로 움직이는 것으로 대신할 수 있다. 야간에는 [ ]을 상하로 흔든다.**

정답 녹색기, 한 팔을, 녹색등

예제 야간 정지신호시에 [   ]을 흔든다.

정답 적색등

[제74조 입환전호]

입환전호방식은 다음과 같다.

1. 접근전호
   가. 주간: 녹색기를 좌우로 흔든다. 다만, 부득이한 경우에는 한 팔을 좌우로 움직이는 것으로 대신할 수 있다.
   나. 야간: 녹색등을 좌우로 흔든다.

2. 퇴거전호
   가. 주간: 녹색기를 상하로 흔든다. 다만, 부득이한 경우에는 한 팔을 상하로 움직이는 것으로 대신할 수 있다.
   나. 야간: 녹색등을 상하로 흔든다.

3. 정지전호
   가. 주간: 적색기를 흔든다. 다만, 부득이한 경우에는 두 팔을 높이 드는 것으로 대신할 수 있다.
   나. 야간: 적색등을 흔든다(서행: 깜빡이는 녹색등).

전호의 종류	전호방식 (주간)	
1 오너라	녹색기를 좌우로 움직인다	
2. 가거라	녹색기를 상하로 움직인다	
3 정지하라	적색기를 현시한다	

* 천천히가라: 야간: 깜빡이는 녹색등

예제 다음 중 입환전호방식에 관한 설명으로 틀린 것은?

가. 접근전호시 주간에는 녹색기를 좌우로 흔든다. 다만, 부득이한 경우 한 팔을 좌우로 움직인다.
나. 퇴거전호시 주간에는 황색기를 상하로 흔든다. 다만, 부득이한 경우 한 팔을 상하로 움직인다.
다. 정지전호시 야간에는 적색등을 흔든다.
라. 퇴거전호시 야간에는 녹색등을 상하로 흔든다.

해설 도시철도운전규칙 제74조(입환전호) 제2호 퇴거전호:
가. 퇴거전호 시 주간: 녹색기를 상하로 흔든다. 다만, 부득이한 경우에는 한 팔을 상하로 움직이는 것으로 대신할 수 있다.
나. 야간: 녹색등을 상하로 흔든다.

예제 **도시철도운전규칙에서 입환전호방식 중 적색등을 흔들어야 하는 경우로 맞는 것은?**

가. 주간의 퇴거전호　　　　나. 주간의 정지전호

다. 야간의 정지전호　　　　라. 야간의 접근전호

해설 정지전호

가. 주간: 적색기를 흔든다. 다만, 부득이한 경우에는 두 팔을 높이 드는 것으로 대신할 수 있다.

나. 야간: 적색등을 흔든다.

제6절 표지

제75조(표지의 설치)

도시철도운영자는 열차 등의 안전운전에 지장이 없도록 운전관계표지를 설치하여야 한다.

[제6절 표지]

제75조 표지의 설치

도시철도운영자는 열차 등의 안전운전에 지장이 없도록 운전관계표지를 설치하여야 한다.

- 열차번호, 전조등: 열차 전부 표지, 열차 후부표지도 있다.

* 표지: 모양 또는 색 등으로서 물체의 위치, 방향, 또는 조건을 표시
* 운전관계표시: 시설 · 영업 분야에서 사용하는 표지

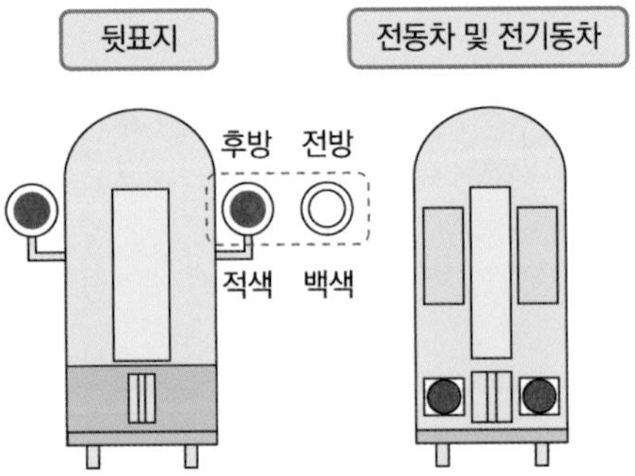

뒷표지　　전동차 및 전기동차

후방 전방

적색 백색

부산교통공사, 부산-김해 경전철

경전철 우이신설선

예제 **도시철도운전규칙에 관한 설명으로 틀린 것은?**

가. 서행신호기에는 지정속도를 표시하여야 한다.

나. 위험을 경고할 경우 기적전호를 하여야 한다.

다. 도시철도건설자는 열차 등의 안전운전에 지장이 없도록 운전관계표지를 설치하여야 한다.

라. 선로가 일시 정상운전을 하지 못하는 상태일 때에는 그 구역의 앞쪽에 임시 신호기를 설치하여야 한다.

해설 도시철도운전규칙 제75조(표지): 도시철도운영자는 열차 등의 안전운전에 지장이 없도록 운전관계표지를 설치하여야 한다.

제7절 노면전차 신호

제76조(노면전차 신호기의 설계)

노면전차의 신호기는 다음 각 호의 요건에 맞게 설계하여야 한다.

1. 도로교통 신호기와 혼동되지 않을 것
2. 크기와 형태가 눈으로 볼 수 있도록 뚜렷하고 분명하게 인식될 것

예제 **노면전차의 신호기는 다음 각 호의 요건에 맞게 설계하여야 한다.**

1. [ ]와 혼동되지 않을 것
2. [ ]와 [ ]가 눈으로 볼 수 있도록 [ ] [ ] 인식될 것

정답 도로교통 신호기, 크기, 형태, 뚜렷하고, 분명하게

[제7절 노면전차 신호]

제76조 노면전차 신호기의 설계

노면전차의 신호기는 다음 각 호의 요건에 맞게 설계하여야 한다.

1. 도로교통 신호기와 혼동되지 않을 것
2. 크기와 형태가 눈으로 볼 수 있도록 뚜렷하고 분명하게 인식될 것

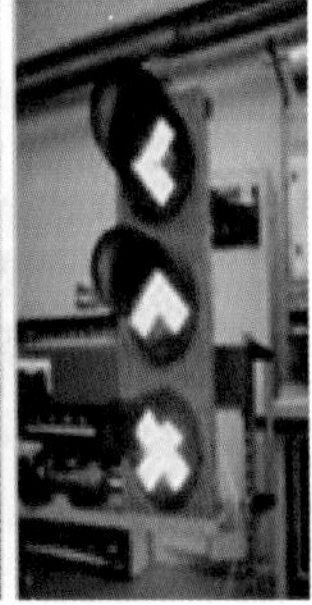

노면전차 부산일보

예제 도시철도운전규칙에서 노면전차에 대한 설명으로 틀린 것은?

가. 시계운전하는 노면전차의 경우에는 운전자의 가시거리 범위에서 신호 등 주변상황에 따라 열차를 정지시킬 수 있도록 적정 속도로 운전하여야 한다.

나. 노면전차의 신호기는 크기와 형태가 도로 교통신호기와 동일한 신호기로 설계하여야 한다.

다. 노면전차를 시계운전하는 경우에는 교차로에서 앞서가는 열차를 따라서 동시에 통과하지 않아야 한다.

라. 노면전차를 시계운전하는 경우에는 앞서가는 열차와 안전거리를 충분히 유지하여야 한다.

해설 도시철도운전규칙 제76조(노면전차 신호기의 설계) 노면전차의 신호기는 다음 각 호의 요건에 맞게 설계하여야 한다.

1. 도로교통 신호기와 혼동되지 않을 것
2. 크기와 형태가 눈으로 볼 수 있도록 뚜렷하고 분명하게 인식될 것

예제 도시철도운전규칙에서 노면전차에 대한 설명으로 틀린 것은?

가. 노면전차를 시계운전하는 경우에는 운전자의 가시거리 범위에서 시계주변상황에 따라 열차를 정지시킬 수 있도록 규정 속도로 운전할 것

나. 노면전차의 신호기는 도로교통 신호기와 혼동되지 않을 것

다. 노면전차를 시계운전하는 경우에는 교차로에서 앞서가는 열차를 따라서 동시에 통과하지 않을 것

라. 노면전차를 시계운전하는 경우에는 앞서가는 열차와 안전거리를 충분히 유지하여야 한다.

해설 도시철도운전규칙 제76조(노면전차 신호기의 설계): 시계운전하는 노면전차의 경우에는 운전자의 가시거리 범위에서 신호 등 주변상황에 따라 열차를 정지시킬 수 있도록 적정 속도로 운전하여야 한다.

예제 **시계운전하는 노면전차의 경우에는 운전자의 가시거리 범위에서 [ ]에 따라 열차를 정지시킬 수 있도록 [ ]로 운전하여야 한다.**

정답 신호 등 주변상황, 적정 속도

제7장

부칙

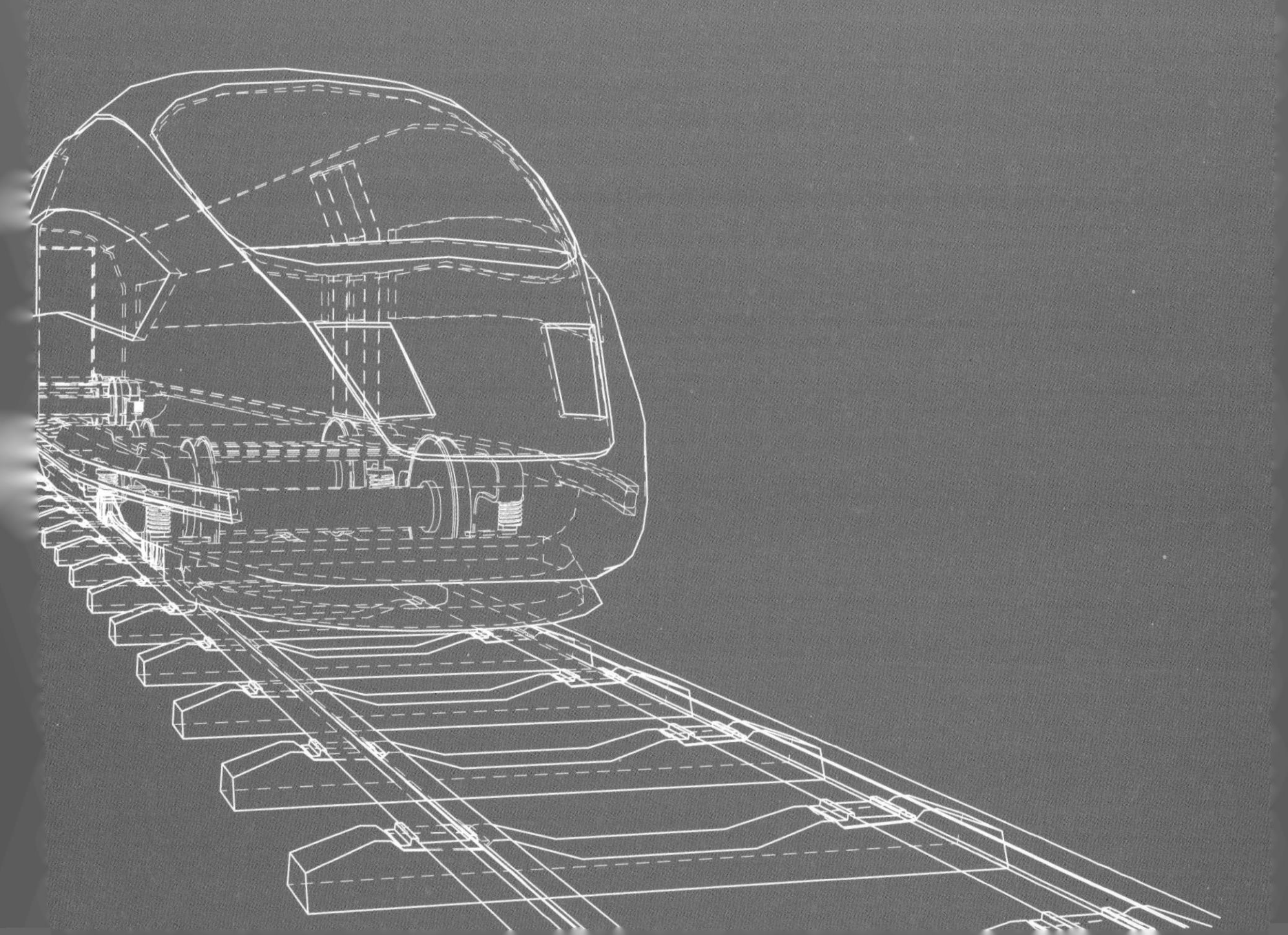

부칙

제1조(시행일)

이 규칙은 2018년 1월 18일부터 시행한다.
제2조부터 제5조까지 생략

제6조(다른 법령의 개정)

①부터 ⑥까지 생략
⑦ 도시철도운전규칙 일부를 다음과 같이 개정한다.
제5조제2항 중 "「시설물의 안전관리에 관한 특별법」"을 "「시설물의 안전 및 유지관리에 관한 특별법」"으로 한다.
⑧ 생략

제7조 생략

제8장

도시철도운전규칙 주관식 핵심문제 총정리

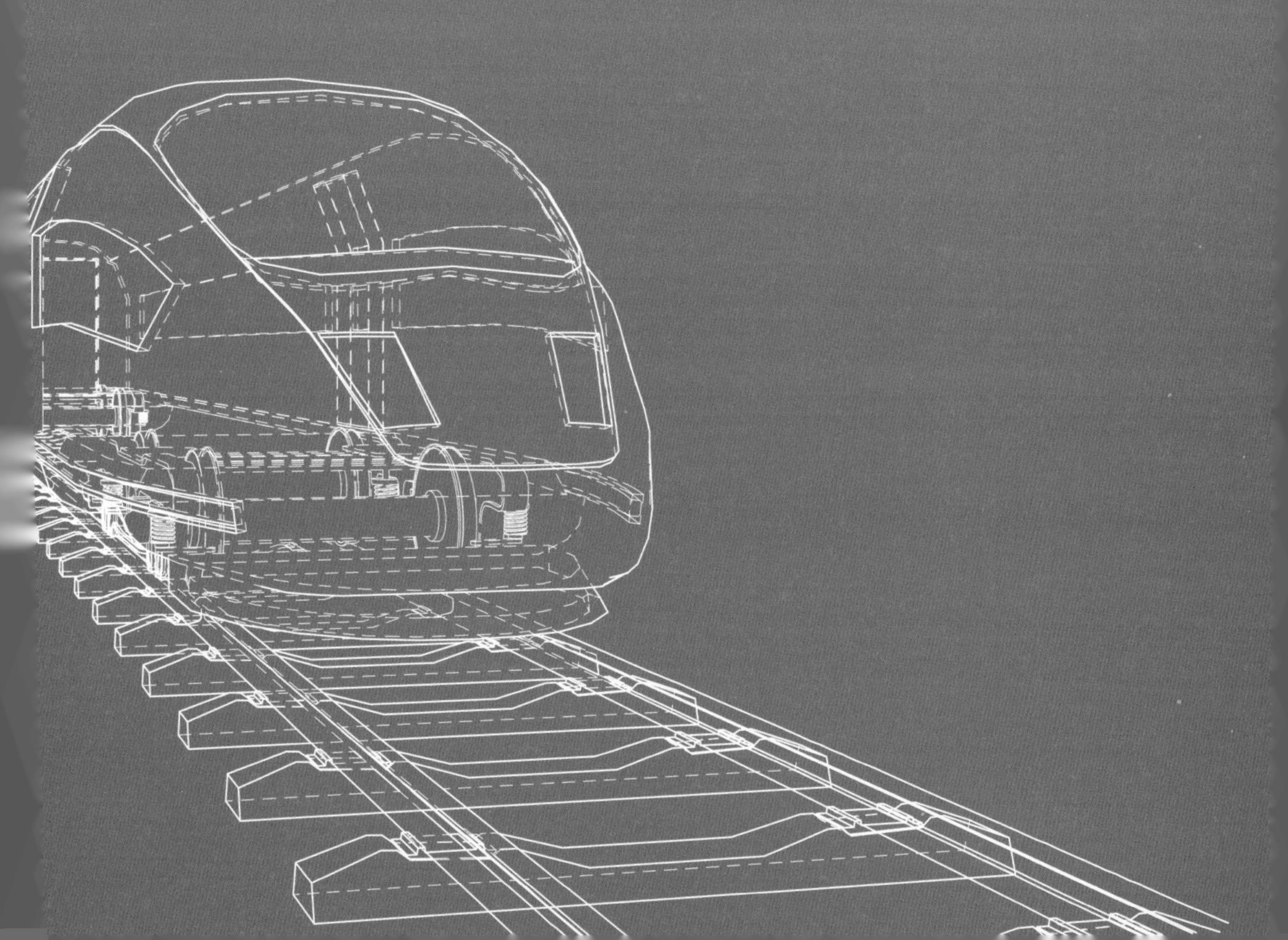

도시철도운전규칙 주관식 문제 총정리

제1조(목적)

예제 이 규칙은 [ ] 제18조에 따라 [ ]의 [ ]과 [ ] 및 [ ]에 필요한 사항을 정하여 도시철도의 [ ]함을 목적으로 한다.

정답 도시철도법, 도시철도, 운전, 차량, 시설의 유지 · 보전, 안전운전을 도모

예제 도시철도의 운전에 관하여 이 [ ]에서 정하지 아니한 사항이나 [ ]로 서로 다른 사항은 법령의 범위에서 [ ]가 따로 정할 수 있다.

정답 규칙, 도시교통 권역별, 도시철도운영자

제2조(적용범위)

예제 도시철도의 운전에 관하여 이 [ ]에서 정하지 아니한 사항이나 [ ]로 서로 다른 사항은 법령의 범위에서 [ ]가 따로 정할 수 있다.

정답 규칙, 도시교통 권역별, 도시철도운영자

제3조(정의)

예제 "정거장"이란 여객의 [ ], [ ], [ ] 등을 위한 장소를 말한다.

정답 승차 · 하차, 열차의 편성, 차량의 입환

예제 "선로"란 궤도 및 이를 지지하는 [ ]을 말하며, 열차의 운전에 [ ]되는 [ ]과 그 외의 [ ]으로 구분된다.

정답 인공구조물, 상용, 본선, 측선

예제 "열차"란 [ ]에서 운전할 목적으로 [ ]되어 [ ]를 부여 받은 차량을 말한다.

정답 본선, 편성, 열차번호

예제 "차량"이란 [ ]에서 운전하는 열차 외의 [ ] · [ ] · [ ] 등을 말한다

정답 선로, 전동차, 궤도시험차, 전기시험차

예제 "운전보안장치"란 열차 및 차량(이하 "열차 등"이라 한다)의 [ ]을 확보하기 위한 장치로서 [ ], [ ], [ ], [ ], [ ], [ ], [ ], [ ], [ ] 등을 말한다.

정답 안전운전, 폐색장치, 신호장치, 연동장치, 선로전환장치, 경보장치, 열차자동정지장치(ATS), 열차자동제어장치(ATC), 열차자동운전장치(ATO), 열차종합제어장치(TTC)

예제 "폐색"이란 선로의 [ ]에 [ ]의 열차를 [ ] 아니하는 것을 말한다.

정답 일정구간, 둘 이상, 동시에 운전시키지

예제 폐색방식이란 [ ] [ ]에 [ ] 이외에 다른 열차를 [ ] 위해 시행하는 방법

정답 1폐색, 1구간, 1열차, 동시에 운전시키지 않기

예제 폐색신호기에 [ ]하면 그 [ ]는 [ ]의 순으로 현시. 즉 자동으로 [ ], 자동으로 [ ]이 정해지는 방식을 자동폐색식이라고 한다.

정답 열차가 진입, 뒤의 신호기, 자동으로 정지, 주의, 진행, 신호현시, 폐색구간

예제 [ ], [ ] 구간에서 [ ]에서 쏴주는 [ ]를 이용해서 [ ]에 의해 폐색이 이루어지는 방식을 차내신호폐색식이라고 한다.

정답 ATC, ATO, 레일, 속도코드, 차내신호기

예제 "전차선로"란 [ ] 및 이를 지지하는 [ ]을 말한다.

정답 전차선, 인공구조물

예제 "운전사고"란 열차 등의 운전으로 인하여 [ ]가 발생하거나 [ ]이 [ ]된 것을 말한다.

정답 사상자, 도시철도시설, 파손

예제 "운전장애"란 열차 등의 운전으로 인하여 그 열차 등의 [ ]에 [ ]을 주는 것 중 [ ]에 [ ]을 말한다.

정답 운전, 지장, 운전사고, 해당하지 아니하는 것

예제 "노면전차"란 [ ]의 [ ]를 이용하여 운행되는 열차를 말한다.

정답 도로면, 궤도

예제 "무인운전"이란 사람이 열차 안에서 [ ]하지 아니하고 [ ]에서의 [ ]에 따라 열차가 [ ]으로 운행되는 방식을 말한다.

정답 직접 운전, 관제실, 원격조종, 자동

예제 "시계운전"이란 사람의 [ ]에 [ ]하여 운전하는 것을 말한다

정답 육안, 의존

제5조(안전조치 및 유지 · 보수 등)

예제 도시철도운영자는 [ ]하고 [ ]하기 위하여 [ ]에 따라 [ ]의 안전점검 등 [ ]를 하여야 한다.

정답 재해를 예방, 안전성을 확보, 시설물의 안전 및 유지관리에 관한 특별법, 도시철도시설, 안전조치

제6조(응급복구용 기구) 및 자재 등의 정비)

예제 도시철도운영자는 차량, 선로, 전력설비, 운전보안장치, 그 밖에 열차운전을 위한 시설에 [ ] · [ ] · [ ] 또는[ ]가 발생할 경우에 대비하여 [ ]에 필요한 기구 및 자재를 항상 적당한 장소에 보관하고 정비하여야 한다.

정답 재해, 고장, 운전사고, 운전장애, 응급복구

제8조(안전운전계획의 수립 등)

예제 도시철도운영자는 [ ]과 이용승객의 [ ]을 위하여 [ ]을 수립하여 [ ]하여야 한다.

정답 안전운전, 편의 증진, 장기 · 단기계획, 시행

제9조(신설구간 등에서의 시험운전)

예제 도시철도운영자는 [ ] · [ ] 또는 운전보안장치를 [ ] · [ ] 또는 개조한 경우 그 설치상태 또는 [ ]의 점검과 종사자의 업무 숙달을 위하여 [ ]을 하기 전에 [ ] [ ]을 하여야 한다.

정답 선로, 전차선로, 신설, 이설, 운전체계, 정상운전, 60일 이상, 시험운전

예제 다만, 이미 운영하고 있는 구간을 [ ]·[ ] 또는 [ ]한 경우에는 관계 전문가의 [ ]을 거쳐 시험운전 기간을 줄일 수 있다.

정답 확장, 개조, 안전진단

제10조(선로의 보전)

예제 선로는 열차 등이 도시철도운영자가 정하는 [ ]로 안전하게 운전할 수 있는 상태로 [ ]하여야 한다.

정답 지정속도, 보전

제11조(선로의 점검 · 정비)

예제 선로는 [ ] 이상 [ ] 하여야 하며, 필요한 경우에는 [ ]하여야 한다.

정답 매일 한 번, 순회점검, 정비

제12조(공사 후의 선로 사용)

예제 선로를 신설·개조 또는 이설하거나 일시적으로 사용을 중지한 경우에는 이를 [ ]하고 [ ]을 하기 전에는 사용할 수 없다.

정답 검사, 시험운전

예제 [ ]은 [ ]이 차량이 [ ]되었을 때 시행한다.

정답 주행시험운행, 철도기술연구원, 완성

예제 [　　　]은 [　　　]가 건설되었을 때 차량시운전을 실시하면서 [　　　]을 한다.

정답 교통안전관리공단, 새로운 선로, 종합시험운행

제13조(전력설비의 보전)

예제 전력설비는 열차 등이 [　　　]로 [　　　]하게 운전할 수 있는 상태로 [　　　]하여야 한다.

정답 지정속도, 안전, 보전

제14조(전차선로의 점검)

예제 전차선로는 [　　　] 이상 [　　　]을 하여야 한다.

정답 매일 한 번, 순회점검

제15조(전력설비의 검사)

예제 전력설비의 각 부분은 [　　　]가 정하는 [　　　]에 따라 [　　　]를 하고 [　　　]에 지장이 없도록 정비하여야 한다.

정답 도시철도운영자, 주기, 검사, 안전운전

제17조(통신설비의 보전)

예제 통신설비는 항상 [　　　]할 수 있는 상태로 [　　　]하여야 한다.

정답 통신, 보전

제20조(운전보안장치의 검사 및 사용)

예제 운전보안장치의 각 [ ]은 [ ]에 따라 검사를 하고 [ ]에 지장이 없도록 정비하여야 한다.

정답 부분, 일정한 주기, 안전운전

제21조(물품유치 금지)

예제 차량 운전에 [ ] [ ]에 설정한 [ ] 안에는 열차 등 외의 [ ]을 둘 수 없다.

정답 지장이 없도록, 궤도상, 건축한계, 다른 물건

제22조(선로 등 검사에 관한 기록보존)

예제 [선로 · 전력설비 · 통신설비 또는 운전보안장치]의 검사를 하였을 때에는 검사자의 [ ] · [ ] 및 [ ] 등을 기록하여 일정 기간 보존하여야 한다.

정답 성명, 검사상태, 검사일시

제23조(열차 등의 보전)

예제 열차 등은 [ ]하게 [ ]할 수 있는 상태로 [ ]하여야 한다.

정답 안전, 운전, 보전

제24조(차량의 검사 및 시험운전)

예제 제작 · 개조 · 수선 또는 [ ]를 한 차량과 일시적으로 [ ] 차량은 검사하고 [ ]을 하기 전에는 사용할 수 없다. 다만, [ ] 또는 수선을 한 경우에는 그러하지 아니하다.

정답 분해검사, 사용을 중지한, 시험운전, 경미한 정도의 개조

예제 차량의 각 부분은 일정한 기간 또는 [ ]를 기준으로 하여 그 [ ]와 [ ]에 대한 검사와 [ ]를 하여야 한다.

정답 주행거리, 상태, 작용, 분해검사

예제 차량의 각 부분을 검사를 할 때 차량의 [ ]에 대해서는 [ ] 및 [ ]을 하여야 한다.

정답 전기장치, 절연저항시험, 절연내력시험

제27조(검사 및 시험의 기록)

예제 차량을 검사 또는 시험을 하였을 때에는 [ ], [ ], [ ] 및 [ ] 등을 기록하여 일정 기간 보존하여야 한다.

정답 검사종류, 검사자의 성명, 검사 상태, 검사일

제28조(열차의 편성)

예제 열차는 차량의 [ ] 및 선로 구간의 [ ] 등을 고려하여 [ ]에 지장이 없도록 편성하여야 한다.

정답 특성, 시설 상태, 안전운전

제29조(열차의 비상제동거리)

예제 열차의 비상제동거리는 [ ] 이하로 하여야 한다.

정답 600미터

제30조(열차의 제동장치)

예제 열차에 편성되는 각 차량에는 제동력이 [ ]하게 [ ]하고 [ ]에 [ ]으로 [ ]할 수 있는 제동장치를 구비하여야 한다

정답 균일, 작용, 분리 시, 자동, 정차

제31조(열차의 제동장치시험)

예제 열차를 [ ]하거나 [ ]을 변경할 때에는 [ ] [ ]의 [ ]을 시험하여야 한다.

정답 편성, 편성, 운전하기 전에, 제동장치, 기능

제32조(열차 등의 운전)

예제 열차 등의 운전은 [ ]에 따라 [ ] 제10조제1항에 따른 [ ]를 소지한 사람이 하여야 한다. 다만, 제32조의 2에 따른 [ ]의 경우에는 그러하지 아니하다.

정답 열차 등의 종류, 철도안전법, 운전면허, 무인운전

예제 차량은 열차에 함께 편성되기 전에는 [ ] 외의 [ ]을 운전할 수 없다. 다만, 차량을 [ ]·[ ]하거나 [ ]을 바꾸는 경우 또는 그 밖에 특별한 사유가 있는 경우에는 그러하지 아니하다.

정답 정거장, 본선, 결합, 해체, 차선,

제32조의2(무인운전 시의 안전 확보 등)

예제 열차 내의 [ ]에는 승객이 임의로 다룰 수 없도록[ ]가 설치되어 있을 것

정답 간이운전대, 잠금장치

예제 간이운전대의 [ ]이나 운전 [ ]은 관제실의 사전 승인을 받을 것

정답 개방, 모드(mode)의 변경

예제 운전 모드를 변경하여 [ ]을 하려는 경우에는 [ ]과의 통신에 이상이 없음을 먼저 확인할 것

정답 수동운전, 관제실

제33조(열차의 운전위치)

예제 열차는 [ ]의 차량에서 운전하여야 한다. 다만, [ ], [ ] 또는 [ ]을 하는 경우에는 그러하지 아니하다.

정답 맨 앞, 추진운전, 퇴행운전, 무인운전

第34조(열차의 운전 시각)

예제 열차는 도시철도운영자가 정하는 [열차시간표]에 따라 운전하여야 한다. 다만, [ ], [ ] 등 특별한 사유가 있는 경우에는 그러하지 아니하다.

정답 운전사고, 운전장애

第35조(운전 정리)

예제 도시철도운영자는 운전사고, 운전장애 등으로 열차를 정상적으로 운전할 수 없을 때에는 [ ], [ ], [ ] 등을 고려하여 열차가 [ ]이 되도록 [ ]를 하여야 한다.

정답 열차의 종류, 도착지, 접속, 정상운전, 운전정리

第36조(운전 진로)

예제 열차의 운전방향을 구별하여 운전하는 한 쌍의 선로에서 열차의 [ ]는 [ ]으로 한다. 다만, [ ]으로 운전하는 기존의 선로에 [ ]으로 [ ]하여 운전하는 경우에는 [ ]으로 할 수 있다.

정답 운전진로, 우측, 좌측, 직통, 연결, 좌측

예제 운전 진로를 달리할 수 있는 경우는 [ ]나 [ ]를 운전이 가능한 경우이다.

정답 구원열차, 공사열차

예제 차량을 [ ]하거나 [ ] 경우에는 운전 진로를 달리할 수 있다.

정답 결합 · 해체, 차선을 바꾸는

제37조(폐색구간)

예제 [ ]은 폐색구간으로 [ ]하여야 한다. 다만, [ ]은 그러하지 아니하다.

정답 본선, 분할, 정거장 안의 본선

예제 고장난 열차가 있는 폐색구간에서 [ ]를 운전하는 경우 [ ]의 열차를 동시에 운전할 수 있다.

정답 구원열차, 둘 이상

예제 다른 열차의 [ ] 지시에 따라 [ ] 위하여 운전하는 경우 [ ]의 열차를 동시에 운전할 수 있다.

정답 차선 바꾸기, 차선을 바꾸기, 둘 이상

예제 하나의 열차를 [ ]하여 운전하는 경우 [ ]의 열차를 동시에 운전할 수 있다.

정답 분할, 둘 이상

제38조(추진운전과 퇴행운전)

예제 [ ]나 [ ]를 운전하는 경우에는 추진운전이나 퇴행운전을 할 수 있다.

정답 공사열차, 구원열차

예제 차량을 [ ]하거나 [ ] 경우에는 추진운전이나 퇴행운전을 할 수 있다.

정답 결합 · 해체, 차선을 바꾸는

예제 [ ]을 하는 경우에는 추진운전이나 퇴행운전을 할 수 있다.

정답 구내운전

제39조(열차의 동시 출발 및 도착의 금지)

예제 [ ]의 열차는 [ ]시키거나 도착시켜서는 아니 된다. 다만, 열차의 [ ]에 지장이 없도록 [ ] 또는 [ ] 등을 완전하게 갖춘 경우에는 그러하지 아니하다.

정답 둘 이상, 동시에 출발, 안전운전, 신호, 제어설비

제40조(정거장 외의 승차 · 하차금지)

예제 정거장 외의 [ ]에서는 승객을 [ ] · [ ]시키기 위하여 열차를 [ ]시킬 수 없다. 다만, 운전사고 등 특별한 사유가 있을 때에는 그러하지 아니하다.

정답 본선, 승차, 하차, 정지

제41조(선로의 차단)

예제 도시철도운영자는 공사나 그 밖의 사유로 [ ]를 [ ]할 필요가 있을 때에는 미리 [ ]을 수립한 후 그 [ ]에 따라야 한다. 다만, [ ]한 조치가 필요한 경우에는 운전업무를 총괄하는 사람(이하 "[ ]"라 한다)의 [ ]에 따라 선로를 차단할 수 있다.

정답 선로, 차단, 계획, 계획, 긴급, 관제사, 지시

예제 선로 차단 시 차단책임자가 누구인가?

정답 관제사

제42조(열차 등의 정지)

예제 정차한 열차 등은 [ ]을 지시하는 [ ]가 있을 때까지는 진행할 수 없다. 다만, 특별한 사유가 있는 경우 [ ]의 [ ] 및 [ ]에 따라 진행할 수 있다.

정답 진행, 신호, 관제사, 속도제한, 안전조치

제43조(열차 등의 서행)

예제 열차 등은 [ ]가 있을 때에는 [ ]로 운전하여야 한다.

정답 서행신호, 지정속도 이하

예제 열차 등이 [ ]가 있는 지점을 통과한 후에는 [ ]로 운전할 수 있다.

정답 서행해제신호, 정상속도

제44조(열차 등의 진행)

예제 열차 등은 진행을 지시하는 신호가 있을 때에는 [ ]로 그 [ ]을 지나 [ ]까지 진행할 수 있다.

정답 지정속도, 표시지점, 다음 신호기

제44조의 2 (노면전차의 시계운전)

예제 시계운전을 하는 노면전차의 경우에는 운전자의 [ ]에서 신호 등 [ ]에 따라 열차를 정지시킬 수 있도록 [ ]로 운전할 것

정답 가시거리 범위, 주변상황, 적정 속도

제45조(차량의 결합 · 해체 등)

예제 차량을 [ ] · [ ]하거나 차량의 [ ]에는 신호에 따라 하여야 한다.

정답 결합, 해체, 차선을 바꿀 때

예제 차량을 결합 · 해체하거나 차량의 차선을 바꿀 때에는 전호에 따라 하여야 한다.

정답 신호에 따라야 한다.

예제 본선을 이용하여 차량을 [ ] · [ ]하거나 열차 등의 차선을 바꾸는 경우에는 [ ] 등과의 [ ]을 방지하기 위한 [ ]를 하여야 한다.

정답 결합, 해체, 다른 열차, 충돌, 안전조치

제46조(차량결합 등의 장소)

예제 정거장이 [ ] [ ]을 이용하여 차량을 [ ]하거나 [ ] 아니 된다. 다만, [ ] 등 안전조치를 하였을 때에는 그러하지 아니하다

정답 아닌 곳에서, 본선, 결합 · 해체, 차선을 바꾸어서는, 충돌방지

제47조(선로전환기의 쇄정 및 정위치 유지)

예제 본선의 선로전환기는 이와 [ ] 신호장치와 [ ]을 하여 사용하여야 한다.

정답 관계 있는, 연동쇄정

예제 선로전환기를 사용 한 후에는 [ ] 미리 정하여진 [ ]에 두어야 한다.

정답 지체 없이, 위치

예제 노면전차의 경우 도로에 설치하는 [ ]는 [ ]을 위해 열차가 [ ] 하였을 때에 작동하여야 하며, 운전자가 선로전환기의 [ ]을 확인할 수 있어야 한다.

정답 선로전환기, 보행자 안전, 충분히 접근, 개통방향

제48조(운전속도)

예제 도시철도운영자는 열차 등의 [ ], 선로 및 [ ]의 [ ]와 [ ] 등을 고려하여 열차의 [ ]를 정하여야 한다.

정답 특성, 전차선로, 구조, 강도, 운전속도

예제 내리막이나 곡선선로에서는 [ ] 및 [ ] 등의 [ ]를 고려하여 그 [ ]를 제한하여야 한다.

정답 제동거리, 열차, 안전도, 속도

예제 노면전차의 경우 도로교통과 [ ]를 [ ]하는 구간에서는 [ ]에 따른 [ ]를 초과하지 않도록 열차의 [ ]를 정하여야 한다.

정답 주행선로, 공유, 「도로교통법」 제17조, 최고속도, 운전속도

제49조(속도제한)

예제 [ ]폐색방식으로 운전하는 경우 [ ]를 제한하여야 한다.

정답 대용, 운전속도

예제 [ ]폐색신호의 [ ]가 있는 지점을 지나서 진행하는 경우 [ ]를 제한하여야 한다.

정답 자동, 정지신호, 운전속도

예제 [ ]신호의 [ ]신호가 있은 후 진행하는 경우 [ ]를 제한하여야 한다.

정답 차내, "0", 운전속도

예제 [ ] · [ ] · [ ] 등의 신호가 있는 지점을 지나서 진행하는 경우 [ ]를 제한하여야 한다.

정답 감속, 주의, 경계, 운전속도

제51조(폐색방식의 구분)

예제 폐색방식은 일상적으로 사용하는 [ ]과 폐색장치의 고장이나 그 밖의 사유로 상용폐색방식에 따를 수 없을 때 사용하는 [ ]에 따른다.

정답 상용폐색방식, 대용폐색방식

예제 폐색방식에 따를 수 없을 때에는 [ ]에 따르거나 [ ]을 한다.

정답 전령법, 무폐색운전

예제 대용폐색방식에는 [ ], [ ], [ ]의 3가지가 있다.

정답 지령식, 통신식, 지도통신식

제52조(상용폐색방식)

예제 상용폐색방식은 [ ] 또는 [ ]에 따른다.

정답 자동폐색식, 차내신호폐색식

제53조(자동폐색식(ATS구간에 사용))

예제 폐색구간에 열차 등이 있을 때: [ ]

정답 정지신호

예제 폐색구간에 있는 [ ]가 올바른 방향으로 되어 있지 아니할 때 또는 [ ] 및 [ ]에 있는 다른 열차 등 이 폐색구간에 [ ]을 줄 때: [ ]

정답 선로전환기, 분기선, 교차점, 지장, 정지신호

예제 폐색장치에 [ ]이 있을 때: [ ]

정답 고장, 정지신호

제54조(차내신호폐색식(ATC구간에 사용))

예제 차내신호폐색식에 따르려는 경우에는 [ ]에 있는 열차 등의 [ ]를 그 [ ]에 진입하려는 열차의 [ ]에서 알 수 있는 [ ]를 갖추어야 한다.

정답 폐색구간, 운전상태, 폐색구간, 운전실, 장치

제55조(대용폐색방식)

예제 대용폐색방식은 다음 각 호의 구분에 따른다.

1. 복선운전을 하는 경우: [ ] 또는 [ ]
2. 단선운전을 하는 경우: [ ]

정답 지령식, 통신식, 지도통신식

제56조 지령식 및 통신식

예제 폐색장치 및 [ ]의 고장으로 열차의 [ ]이 불가능할 때에는 [ ]가 [ ]에 열차의 진입을 지시하는 [ ]에 따른다.

정답 차내신호장치, 정상적인 운전, 관제사, 폐색구간, 지령식

예제 상용폐색방식 또는 [ ]에 따를 수 없을 때에는 [ ]에 열차를 진입시키려는 역장 또는 소장이 [ ] 또는 소장 및 [ ]와 협의하여 폐색구간에 열차의 진입을 지시하는 [ ]에 따른다.

정답 지령식, 폐색구간, 상대 역장, 관제사, 통신식

예제 지령식 또는 통신식에 따르는 경우에는 [ ] 및 폐색구간 [ ]은 전용전화기를 설치·운용하여야 한다.

정답 관제사, 양쪽의 역장 또는 소장

제57조(지도통신식)

예제 지도통신식에 따르는 경우에는 [ ] 또는 [ ]을 발급받은 열차만 해당 [ ]을 [ ]할 수 있다.

정답 지도표, 지도권, 폐색구간, 운전

예제 지도표와 지도권은 [ ]에 열차를 [ ]시키려는 역장 또는 소장이 [ ] 또는 [ ] 및 [ ]와 협의하여 [ ]한다.

정답 폐색구간, 진입, 상대 역장, 소장, 관제사, 발행

예제 지도표와 지도권에는 폐색구간 양쪽의 [ ] 또는 소(所) 이름, [ ], [ ], [ ] 및 [ ]을 적어야 한다.

정답 역 이름, 관제사, 명령번호, 열차번호, 발행일과 시각

제58조(전령법의 시행)

예제 열차 등이 있는 폐색구간에 [ ]시킬 때에는 그 열차에 대하여 [ ]을 시행한다.

정답 다른 열차를 운전, 전령법

예제 전령법을 시행할 경우에는 이미 [ ]에 있는 [ ] 등은 그 [ ]를 [ ]할 수 없다.

정답 폐색구간, 열차, 위치, 이동

예제 전령법은 단선에서 고장난 차량이 있으면 고장차를 밀고 갈 때 사용한다.

해설 전령법은 단선, 복선 모두 적용한다.

제59조(전령자의 선정 등)

예제 전령법을 시행하는 구간에는 [ ]의 [ ]를 선정하여야 한다.

정답 한 명, 전령자

예제 전령자는 [ ] [ ]을 착용하여야 한다.

정답 백색, 완장

예제 전령법을 시행하는 구간에서는 그 구간의 [ ]가 [ ]하여야 열차를 [ ]할 수 있다. 다만, [ ]가 취급하는 경우에는 [ ]를 [ ] 아니할 수 있다.

정답 전령자, 탑승, 운전, 관제사, 전령자, 탑승시키지

제60조(신호의 종류)

예제 신호는 [ ]·[ ]·[ ] 등으로 열차 등에 대하여 [ ]을 지시하는 것이다.

정답 형태, 색, 음, 운전의 조건

예제 전호는 [ ]·[ ]·[ ] 등으로 [ ]에 의사를 표시하는 것이다.

정답 형태, 색, 음, 직원 상호간

예제 표지는 [ ]·[ ] 등으로 물체의 [ ]·[ ]·[ ]을 표시하는 것이다.

정답 형태, 색, 위치, 방향, 조건

제61조(주간 또는 야간의 신호)

예제 주간과 야간의 [ ]을 달리하는 경우에는 일출부터 일몰까지는 [ ], 일몰부터 다음날 일출까지는 [ ]에 따라야 한다.

정답 신호방식, 주간의 방식, 야간방식

예제 차내신호방식 및 [ ]에서의 신호방식은 [ ]에 따른다.

정답 지하구간, 야간방식

제62조(제한신호의 추정)

예제 신호가 필요한 장소에 신호가 [ ] 또는 그 신호가 [ ]하지 아니할 때에는 [ ]가 있는 것으로 본다.

정답 없을 때, 분명, 정지신호

예제 상설신호기 또는 임시신호기의 [ ]와 [ ]가 각각 다를 때에는 열차 등에 [ ]을 붙인 [ ]에 따라야 한다. 다만, 사전에 [ ]가 있었을 때에는 [ ]에 따른다.

정답 신호, 수신호, 가장 많은 제한, 신호, 통보, 통보된 신호

第63조(신호의 겸용금지)

예제 하나의 신호는 [ ]에서 [ ]으로 [ ]되어야 한다. 다만, [ ]를 부설한 신호기는 그러하지 아니하다.

정답 하나의 선로, 하나의 목적, 사용, 진로표시기

第64조(상설신호기)

예제 상설신호기는 일정한 장소에서 [ ] 또는 [ ]에 의하여 열차 등의 [ ]을 [ ]하는 신호기를 말한다.

정답 색등, 등열, 운전조건, 지시

第65조(상설신호기의 종류)

1. 주신호기 (폐차장출입)

예제 차내신호기는 열차 등의 [ ]에 설치하여 [ ]을 지시하는 신호기이다.

정답 가장 앞쪽의 운전실, 운전조건

예제 장내신호기는 [ ]에 진입하려는 열차 등에 대하여 [ ]으로의 [ ]이 가능한지를 지시하는 신호기

정답 정거장, 신호기 뒷방향, 진입

예제 출발신호기는 [ ]에서 [ ]하려는 열차 등에 대하여 [ ]으로의 [ ]이 가능한지를 지시하는 신호기

정답 정거장, 출발, 신호기 뒷방향, 진입

예제 폐색신호기는 [   ]에 [   ]하려는 열차 등에 대하여 [   ]을 지시하는 신호기

정답 폐색구간, 진입, 운전조건

예제 입환신호기는 차량을 [   ]하거나 [   ] 차량에 대하여 신호기 [   ]이 가능한지를 지시하는 신호기

예제 결합 · 해체, 차선을 바꾸려는, 뒷방향으로의 진입

예제 도시철도규칙에서는 철도규칙과는 달리 주신호기 중에서 [   ]와 [   ]가 없다.

정답 유도신호기, 엄호신호기

2. 종속신호기

예제 원방신호기는 [   ] 및 [   ]에 [   ]되어 그 신호상태를 예고하는 신호기이다.

정답 장내신호기, 폐색신호기, 종속

예제 중계신호기는 [   ]에 [   ]되어 그 신호상태를 중계하는 신호기이다.

정답 주신호기, 종속

3. 신호부속기

예제 진로표시기는[   ], [   ], [   ] 또는 [   ]에 [   ]되어 열차 등에 대하여 그 진로를 표시하는 것이다.

정답 장내신호기, 출발신호기, 진로개통표시기, 입환신호기, 부속

예제 진로개통표시기는 [ ]를 사용하는 본선로의 [ ]에 설치하여 진로의 [ ]를 표시하는 것이다.

정답 차내신호기, 분기부, 개통상태

제66조(상설신호기의 종류 및 신호 방식)

1. 주신호기

가. 차내신호기

예제 상설신호기는 [ ] · [ ] 또는 [ ]로써 다음 각 호의 방식으로 신호하여야 한다.

정답 계기, 색등, 등열

예제 열차 등을 정지시키려 할 때 [ ]는 [ ]를 표시하는 신호를 보낸다.

정답 차내신호기, "0" 속도

나. 장내신호기, 출발신호기 및 폐색신호기

예제 장내신호기, 출발신호기 및 폐색신호기의 감속신호는 상위는 [ ] 하위는 [ ]이다.

정답 등황색등, 녹색등

다. 입환신호기

예제 입환신호기의 진행신호는 [ ]이다.

정답 등황색등

2. 종속신호기

가. 원방신호기

예제 주신호기가 [ ]를 할 경우 원방신호기는 [ ]을 현시한다.

정답 정지신호, 등황색등

나. 중계신호기

예제 주신호기가 [ ]를 할 경우 중계신호기는 [ ]을 현시한다.

정답 정지신호, 적색등

예제 주신호기가 진행을 지시하는 신호를 할 경우 중계신호기는 [ ]을 현시한다.

정답 주신호기가 한 진행을 지시하는 색등

제67조(임시신호기의 설치)

예제 선로가 일시 [ ]을 하지 못하는 상태일 때에는 그 구역의 [ ] [ ]를 설치하여야 한다.

정답 정상운전, 앞쪽에, 임시신호기

예제 선로가 일시 정상운전을 하지 못하는 상태일때에는 그 구역의 뒤쪽에 임시신호기를 설치하여야 한다.

정답 구역의 앞쪽에 임시신호기를 설치하여야 한다.

제68조(임시신호기의 종류)

예제 임시신호기 종류에는 [ ], [ ], [ ]가 있다.

정답 서행신호기, 서행예고신호기, 서행해제신호기

제69조(임시신호기의 신호방식)

예제 임시신호기 표지의 배면과 배면광은 [ ]으로 하고, [ ]에는 [ ]를 표시하여야 한다.

정답 백색, 서행신호기, 지정속도

예제 서행예고신호기에는 지정속도가 있다.

정답 서행예고신호기에는 지정속도가 없다.

예제 서행신호기, 서행예고신호기, 서행해제신호기에는 지정속도를 표시하여야 한다.

정답 철도규칙(KORAIL)에서는 예고와 서행신호기 두 군데 모두 지정속도를 정해 놓았으나 도시철도규칙에서는 예고에는 없고, 서행신호기에만 있다.

제70조(수신호 방식)

예제 정지신호는 [ ]를 사용한다. 다만, 부득이한 경우에는 [ ] 또는 [ ]를 급격히 흔드는 것으로 대신할 수 있다.

정답 적색기 ,두 팔을 높이 들거나, 녹색기 외의 물체

예제 야간에는 [ ]. 다만, 부득이한 경우에는 [ ] 급격히 [ ]할 수 있다.

정답 적색등, 녹색등 외의 등을, 흔드는 것으로 대신

예제 진행신호는 [ ]를 사용한다. 다만, 부득이한 경우에는 [ ]으로 대신할 수 있다.

정답 녹색기, 한 팔을 높이 드는 것

예제 야간의 서행신호 방식으로 명멸하는 황색등을 현시한다. (출제빈도 높다)

정답 (X)틀림, 녹색등을 현시한다.
※ 주간의 서행신호 방식으로 황색신호기가 사용되므로 헷갈릴 수 있어서 출제가 많이 된다.

제71조(선로 지장 시의 방호신호)

예제 선로의 지장으로 인하여 열차 등을 [ ]시키거나 [ ]시킬 경우, [ ]에 따를 수 없을 때에는 [ ]으로부터 [ ]의 앞 지점에서 정지수신호를 하여야 한다.

정답 정지, 서행, 임시신호기, 지장지점, 200미터 이상

제72조(출발전호)

예제 열차를 출발시키려 할 때에는 [ ]를 하여야 한다.

정답 출발전호

第73조(기적전호)

예제 1. [　　　　]가 발생한 경우, 2. [　　]을 경고할 경우에는 [　　　　]를 하여야 한다.

정답 비상사고, 위험, 기적전호

第74조(입환전호)

예제 접근전호시 주간에는 [　　　]를 좌우로 흔든다. 다만, 부득이한 경우 [　　　] 좌우로 움직인다.

정답 녹색기, 한 팔을

예제 퇴거전호 시 주간에는 [　　　]를 상하로 흔든다. 다만, 부득이한 경우에는 [　　　] 상하로 움직이는 것으로 대신할 수 있다. 야간에는 [　　　]을 상하로 흔든다.

정답 녹색기, 한 팔을, 녹색등

예제 야간 정지신호시에 [　　　　]을 흔든다.

정답 적색등

第76조(노면전차 신호기의 설계)

예제 노면전차의 신호기는 다음 각 호의 요건에 맞게 설계하여야 한다.

1. [　　　　]와 혼동되지 않을 것
2. [　　]와 [　　]가 눈으로 볼 수 있도록 [　　　] [　　　] 인식될 것

정답 도로교통 신호기, 크기, 형태, 뚜렷하고, 분명하게

예제 시계운전하는 노면전차의 경우에는 운전자의 가시거리 범위에서 [   ]에 따라 열차를 정지시킬 수 있도록 [   ]로 운전하여야 한다.

정답 신호 등 주변상황, 적정 속도

[국내문헌]

곽정호, 도시철도운영론, 골든벨, 2014.
김경유·이항구, 스마트 전기동력 이동수단 개발 및 상용화 전략, 산업연구원, 2015.
김기화, 김현연, 정이섭, 유원연, 철도시스템의 이해, 태영문화사, 2007.
박정수, 도시철도시스템 공학, 북스홀릭, 2019.
박정수, 열차운전취급규정, 북스홀릭, 2019.
박정수, 철도관련법의 해설과 이해, 북스홀릭, 2019.
박정수, 철도차량운전면허 자격시험대비 최종수험서, 북스홀릭, 2019.
박정수, 최신철도교통공학, 2017.
박정수·선우영호, 운전이론일반, 철단기, 2017.
박찬배, 철도차량용 견인전동기의 기술 개발 현황. 한국자기학회 학술연구발 표회 논문개요 집, 28(1), 14–16. [2], 2018.
박찬배·정광우. (2016). 철도차량 추진용 전기기기 기술동향. 전력전자학회지, 21(4), 27–34.
백남욱·장경수, 철도공학 용어해설서, 아카데미서적, 2003.
백남욱·장경수, 철도차량 핸드북, 1999.
서사범, 철도공학, BG북갤러리 ,2006.
서사범, 철도공학의 이해, 얼과알, 2000.
서울교통공사, 도시철도시스템 일반, 2019.
서울교통공사, 비상시 조치, 2019.
서울교통공사, 전동차구조 및 기능, 2019.
손영진 외 3명, 신편철도차량공학, 2011.
원제무, 대중교통경제론, 보성각, 2003.
원제무, 도시교통론, 박영사, 2009.

원제무 · 박정수 · 서은영, 철도교통계획론, 한국학술정보, 2012.
원제무 · 박정수 · 서은영, 철도교통시스템론, 2010.
이종득, 철도공학개론, 노해, 2007.
이현우 외, 철도운전제어 개발동향 분석 (철도차량 동력장치의 제어방식을 중심으로), 2018.
장승민 · 박준형 · 양진송 · 류경수 · 박정수. (2018). 철도신호시스템의 역사 및 동향분석. 2018.
한국철도학회 학술발표대회논문집, , 46-5276호, 국토연구원, 2008.
한국철도학회, 알기 쉬운 철도용어 해설집, 2008.
한국철도학회, 알기쉬운 철도용어 해설집, 2008.
KORAIL, 운전이론 일반, 2017.
KORAIL, 전동차 구조 및 기능, 2017.

[외국문헌]

Álvaro Jesús López López, Optimising the electrical infrastructure of mass transit systems to improve the
use of regenerative braking, 2016.
C. J. Goodman, Overview of electric railway systems and the calculation of train performance 2006
Canadian Urban Transit Association, Canadian Transit Handbook, 1989.
CHUANG, H.J., 2005. Optimisation of inverter placement for mass rapid transit systems by immune
algorithm. IEE Proceedings -- Electric Power Applications, 152(1), pp. 61-71.
COTO, M., ARBOLEYA, P. and GONZALEZ-MORAN, C., 2013. Optimization approach to unified AC/
DC power flow applied to traction systems with catenary voltage constraints. International Journal of
Electrical Power & Energy Systems, 53(0), pp. 434
DE RUS, G. a nd NOMBELA, G., 2 007. I s I nvestment i n H igh Speed R ail S ocially P rofitable? J ournal of
Transport Economics and Policy, 41(1), pp. 3-23
DOMÍNGUEZ, M., FERNÁNDEZ-CARDADOR, A., CUCALA, P. and BLANQUER, J., 2010. Efficient
design of ATO speed profiles with on board energy storage devices. WIT Transactions

on The Built
Environment, 114, pp. 509-520.
EN 50163, 2004. European Standard. Railway Applications—Supply voltages of traction systems.
Hammad Alnuman, Daniel Gladwin and Martin Foster, Electrical Modelling of a DC Railway System with
Multiple Trains.
ITE, Prentice Hall, 1992.
Lang, A.S. and Soberman, R.M., Urban Rail Transit; 9ts Economics and Technology, MIT press, 1964.
Levinson, H.S. and etc, Capacity in Transportation Planning, Transportation Planning Handbook
MARTÍNEZ, I., VITORIANO, B., FERNANDEZ-CARDADOR, A. and CUCALA, A.P., 2007. Statistical dwell
time model for metro lines. WIT Transactions on The Built Environment, 96, pp. 1-10.
MELLITT, B., GOODMAN, C.J. and ARTHURTON, R.I.M., 1978. Simulator for studying operational
and power-supply conditions in rapid-transit railways. Proceedings of the Institution of Electrical
Engineers, 125(4), pp. 298-303
Morris Brenna, Federica Foiadelli, Dario Zaninelli, Electrical Railway Transportation Systems, John Wiley &
Sons, 2018
ÖSTLUND, S., 2012. Electric Railway Traction. Stockholm, Sweden: Royal Institute of Technology.
PROFILLIDIS, V.A., 2006. Railway Management and Engineering. Ashgate Publishing Limited.
SCHAFER, A. and VICTOR, D.G., 2000. The future mobility of the world population. Transportation
Research Part A: Policy and Practice, 34(3), pp. 171-205. · Moshe Givoni, Development and Impact of

the Modern High-Speed Train: A review, Transport Reciewsm Vol. 26, 2006.
SIEMENS, Rail Electrification, 2018.
Steve Taranovich, Electric rail traction systems need specialized power management, 2018
Vuchic, Vukan R., Urban Public Transportation Systems and Technology, Pretice-Hall Inc., 1981.
W. F. Skene, Mcgraw Electric Railway Manual, 2017

[웹사이트]

한국철도공사 http://www.korail.com
서울교통공사 http://www.seoulmetro.co.kr
한국철도기술연구원 http://www.krii.re.kr
한국개발연구원 http://www.kdi.re.kr
한국교통연구원 http://www.koti.re.kr
서울시정개발연구원 http://www.sdi.re.kr
한국철도시설공단 http://www.kr.or.kr
국토교통부: http://www.moct.go.kr/
법제처: http://www.moleg.go.kr/
서울시청: http://www.seoul.go.kr/
일본 국토교통성 도로국: http://www.mlit.go.jp/road
국토교통통계누리: http://www.stat.mltm.go.kr
통계청: http://www.kostat.go.kr
JR동일본철도 주식회사 https://www.jreast.co.jp/kr/
철도기술웹사이트 http://www.railway-technical.com/trains/

A~Z

ㄱ

ㄴ

ㅊ

저자소개

원제무
원제무 교수는 한양 공대와 서울대 환경대학원을 거쳐 미국 MIT에서 교통공학 박사학위를 받고, KAIST 도시교통연구본부장, 서울시립대 교수와 한양대 도시대학원장을 역임한 바 있다. 도시교통론, 대중교통론, 도시철도론, 철도정책론 등에 관한 연구와 강의를 진행해 오고 있다. 최근에는 김포대 철도경영과 석좌교수로서 전동차 구조 및 기능, 철도운전이론, 철도관련법 등을 강의하고 있다.

서은영
서은영 교수는 한양대 경영학과, 한양대 공학대학원 도시SOC계획 석사학위를 받은 후. 한양대 도시대학원에서 '고속철도개통 전후의 역세권 주변 토지 용도별 지가 변화 특성에 미치는 영향 요인분석'으로 도시공학박사를 취득하였다. 그동안 철도정책, 도시철도시스템, 철도관련법, SOC개발론, 도시부동산투자금융 등에도 관심을 가지고 연구논문을 발표해 오고 있다.
현재 김포대학교 철도경영과 학과장으로 철도정책, 철도관련법, 도시철도시스템, 철도경영, 서비스 브랜드 마케팅 등의 과목을 강의하고 있다.

도시철도운전규칙

초판발행 2021년 3월 30일

지은이 원제무 · 서은영
펴낸이 안종만 · 안상준

편 집 전채린
기획/마케팅 이후근
표지디자인 조아라
제 작 고철민 · 조영환

펴낸곳 (주) 박영사
서울특별시 금천구 가산디지털2로 53, 210호(가산동, 한라시그마밸리)
등록 1959. 3. 11. 제300-1959-1호(倫)
전 화 02)733-6771
f a x 02)736-4818
e-mail pys@pybook.co.kr
homepage www.pybook.co.kr
ISBN 979-11-303-1220-0 93550

정 가 19,000원